超级武器

———— 绝密任务 I 生死营救 ————

肖叶 主编　张柏赫 编著

Super Weapon

湖南少年儿童出版社

Super Weapon

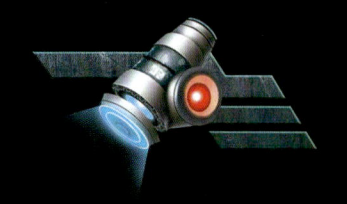

目录

人物介绍·············1	T72主战坦克···········44
绝密任务Ⅰ···········2	T-20中型坦克··········48
枪械集结············4	BF110E-1轰炸机········50
坦克集结············6	米格-21MF战斗机········52
装甲集结············8	JU188E-1轰炸机········54
战机集结···········10	AMX-30坦克···········58
F/A-18E攻击机········12	T-62主战坦克··········60
苏-24M战斗轰炸机······14	M60主战坦克···········64
MG34通用机枪·········18	Model29-1转轮手枪······66
BF109E-3战斗机········20	P38手枪··············68
JU87B-1轰炸机·········22	MP5A3冲锋枪···········72
M1加兰德步枪·········24	T-26S轻型坦克·········74
M113A2装甲输送车······28	74式坦克··············76
M4中型坦克···········30	95式班用机枪··········78
OH-6A直升机··········32	DHC-6/400运输机·······82
MP5SD1冲锋枪·········34	M82A1狙击步枪·········84
三八大盖步枪·········36	M1911A1自动手枪·······88
SA-9防空导弹·········38	M3式冲锋枪············90
卡-50武装直升机·······40	卡-25直升机···········92
M42自行高炮·········42	

欢迎来到"超级武器"军事演习模块,我是这次行动的 AI 战士,接下来由我为各位做相关介绍:猎鹰小队的 5 名战士,是供各位选择的人物身份。请仔细阅读战士们的个人简介,了解他们擅长的作战技巧,谨慎做出选择。选好的人物无法修改,进入虚拟作战区后,将以该战士作为第一视角进行战斗,你准备好了吗?

——AI

猎鹰 Super Weapon
人物介绍

龙芯 猎鹰队长
马克 暗影杀手
卡尔 近战专家
唐德 极速蜻蜓
麦迪 极速追击者

龙芯队长作战经验非常丰富,总能在关键时刻做出准确判断从而逆转战局,带领大家一起完成各种艰巨任务。

马克是一名优秀的狙击手,也是一名坦克驾驶员,可以驾驶坦克完成各种惊险任务,还经常单兵深入敌后作战。

卡尔是一名特种兵战士,具有其他兵种所不具备的近身巷战、徒手格斗、暗夜突袭能力,对各种枪械都非常熟悉。

唐德是队伍中最年轻的战士,一名出色的飞行员。他了解各种战机性能,在空战中沉着冷静,总能做出正确的判断。

麦迪是一名训练有素的飞行员,身经百战的他能够熟练驾驶各种军用飞机。在空对空战斗中,击落敌机无数。

绝密任务 I
生死营救

这是此次行动的作战地图，请尽快制订作战计划，选择作战武器。这是你们唯一一次看到地图全貌的机会。此次为营救行动，在危机四伏的"龙骨原野"，我被困于敌军的边境城堡，你们要在各种先进武器的帮助下全力以赴，在7小时之内冲破敌军设置的重重阻截，找到并将我救出。我在边境城堡等待你们的到来，祝各位战士好运。

限时 06:59:59

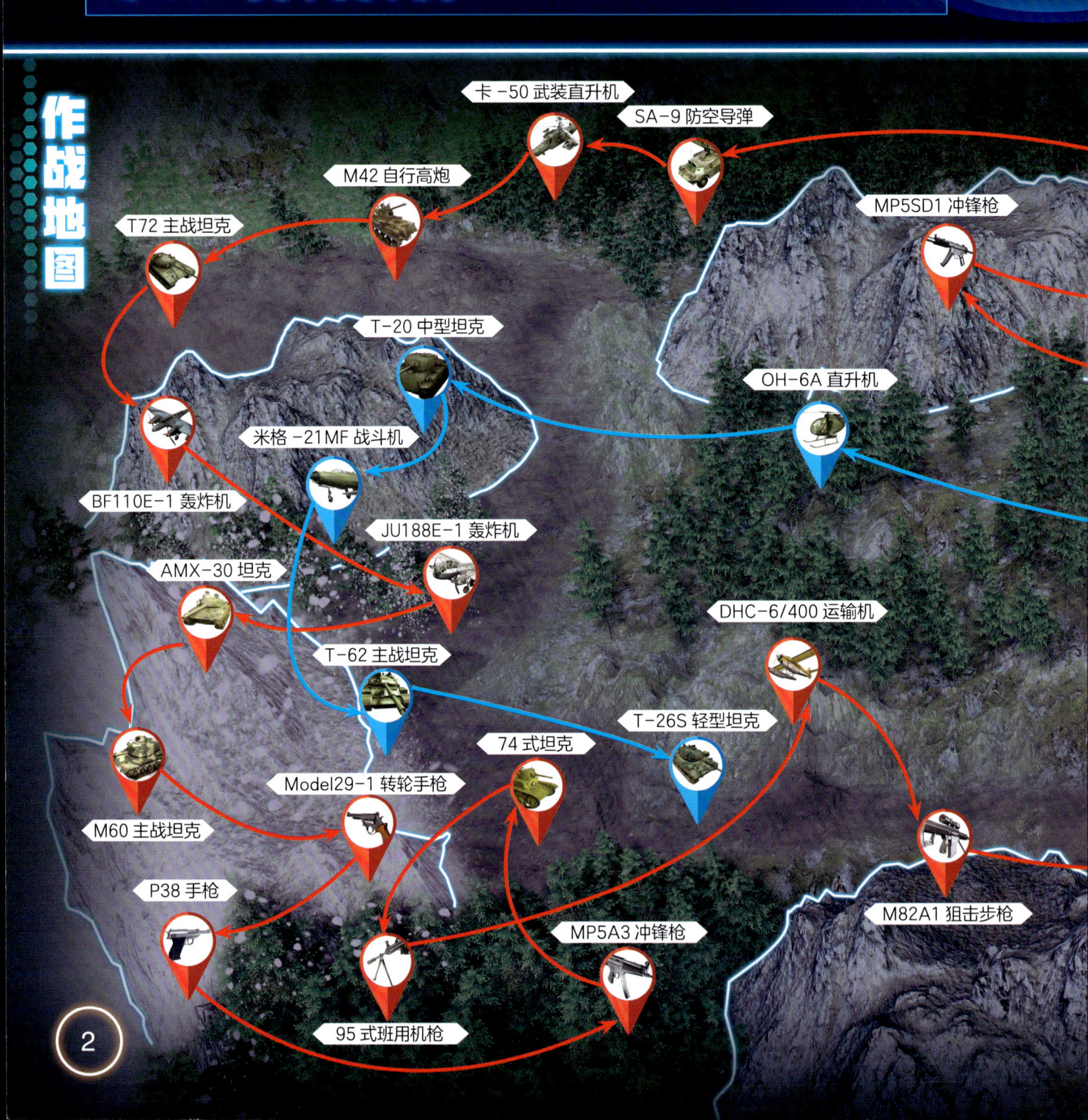

作战地图

- 卡-50 武装直升机
- SA-9 防空导弹
- M42 自行高炮
- MP5SD1 冲锋枪
- T72 主战坦克
- T-20 中型坦克
- OH-6A 直升机
- 米格-21MF 战斗机
- BF110E-1 轰炸机
- JU188E-1 轰炸机
- AMX-30 坦克
- DHC-6/400 运输机
- T-62 主战坦克
- 74 式坦克
- T-26S 轻型坦克
- Model29-1 转轮手枪
- M60 主战坦克
- P38 手枪
- MP5A3 冲锋枪
- M82A1 狙击步枪
- 95 式班用机枪

唐德 极速蜻蜓

我是唐德，一名优秀的战机驾驶员，我熟悉飞行战术，擅长低空作战。接下来你们将与我一起在"龙骨原野"穿越危险的敌军腹地，展开对AI战士的生死营救，边境城堡的位置以及敌军数量都不明确，此次任务需要一些精准度较高的军事武器，这非常重要。接下来让我们一起全力以赴，战士们，加油！

作战场地

龙骨原野

X:163　Y:294

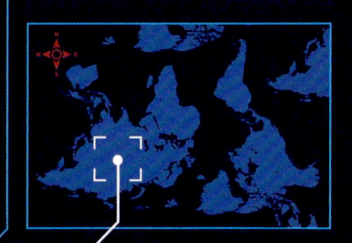

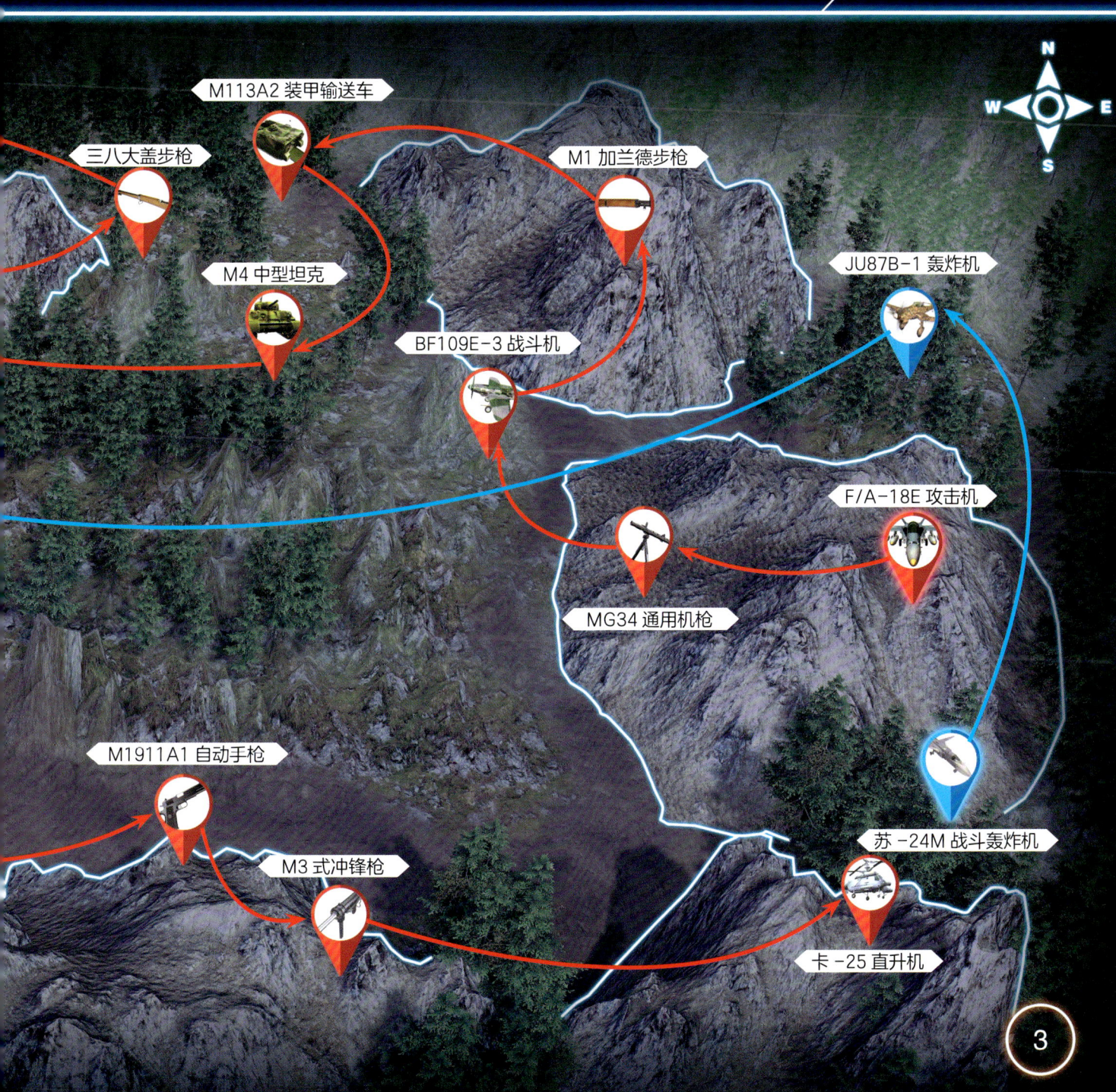

- M113A2 装甲输送车
- 三八大盖步枪
- M1 加兰德步枪
- M4 中型坦克
- JU87B-1 轰炸机
- BF109E-3 战斗机
- F/A-18E 攻击机
- MG34 通用机枪
- M1911A1 自动手枪
- 苏-24M 战斗轰炸机
- M3 式冲锋枪
- 卡-25 直升机

枪械集结

　　这是本次任务中的枪械集结。这是一项充满未知的生死营救，一路上敌军会设置重重关卡，在任务中我们必须尽快确认边境城堡的方位，作为枪械"元老"，步枪有一个长长的枪管，是使用最广泛，战士们最熟悉的单兵作战武器。但你真的了解这个"老朋友"吗？步枪的关键信息已经生成，请仔细阅读，在任务中合理应用。

1. 了解步枪

　　步枪的性能非常可靠，可以用刺刀、枪托进行白刃格斗，对付身边的敌人。现代步枪在枪管内刻有平行且螺旋的膛线，可以让子弹在发射的时候旋转，从而达到稳定飞行的目的，这些线也叫"来复线"，所以步枪也曾被称为"来复枪"。

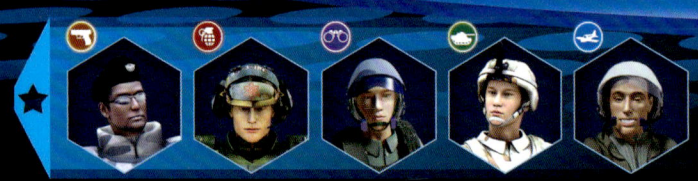

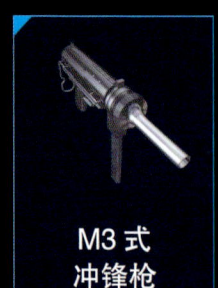

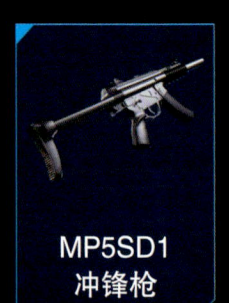

| Model29-1 转轮手枪 | M1911A1 自动手枪 | P38 手枪 | M3式 冲锋枪 | MP5A3 冲锋枪 | MP5SD1 冲锋枪 |

2. 步枪的分类

步枪是一个成员众多的大家族，按自动化程度可分为非自动、半自动和全自动三种，现代步枪多为自动步枪。按用途，可分为普通步枪、骑枪（卡宾枪）、突击步枪和狙击步枪。按使用的枪弹，又可分为大威力枪弹步枪、中威力枪弹步枪及小口径枪弹步枪。

3. 步枪的口径

现代步枪的口径主要有5.45毫米、5.56毫米、7.62毫米、7.5毫米、7.92毫米等。很多国家都会选择小口径步枪，因为小口径步枪的射击精度高，杀伤效果好，携弹量大。

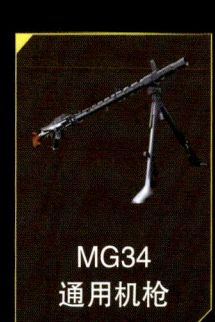

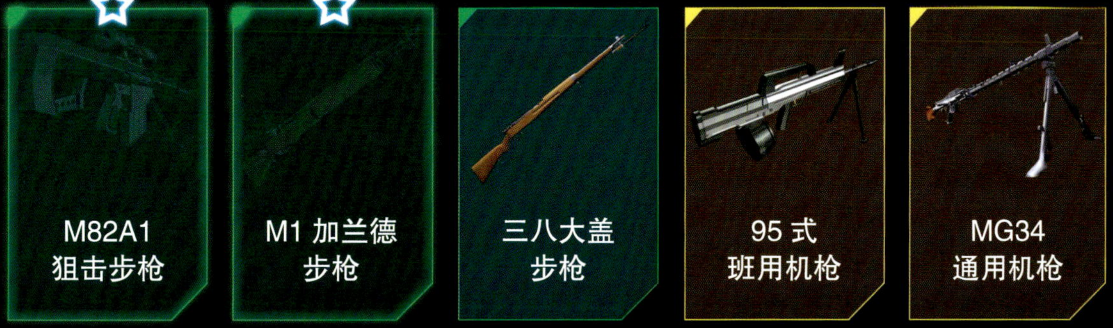

| M82A1 狙击步枪 | M1加兰德步枪 | 三八大盖步枪 | 95式班用机枪 | MG34通用机枪 |

坦克集结

这是本次任务中的坦克集结。坦克一直被大家称为"陆战之王",这全靠它所拥有的威猛火力。然而,强大的火力不仅需要一门威力十足的火炮,一挺火力密集的机枪,更需要多种类弹药的配合。在生死营救中,坦克大战无法避免,我们只有掌握坦克武器的特点和不同炮弹间的差异,才能在任务中准确应用。现在,坦克的火力信息已经生成,请认真了解,谨慎选择。

1. 坦克的武器

坦克的武器包括坦克炮和机枪,其中坦克炮是坦克的主要武器,既能完成对地面目标的打击,又能对付低空飞机;机枪一般作为辅助武器,用来消灭近距离敌人。坦克炮使用的炮弹有穿甲弹、破甲弹、榴弹、碎甲弹等,在对付不同的目标时选择不同的弹药。

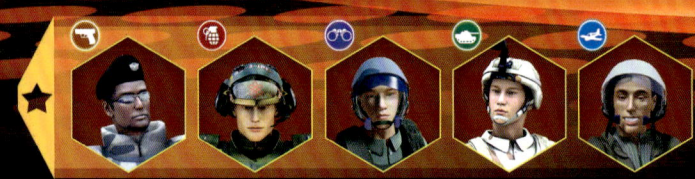

M4 中型坦克 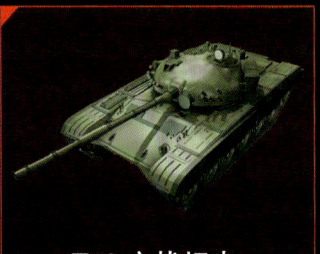　　T72 主战坦克 　　T-20 中型坦克 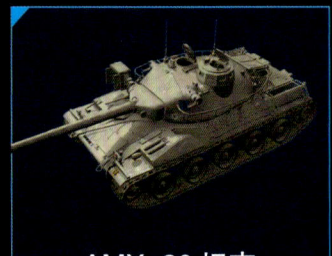　　AMX-30 坦克

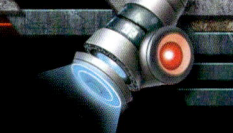

2. 坦克滑膛炮

坦克炮中威力最强大的就是滑膛炮，一般口径在 105~125 毫米之间，直射距离一般在 2000 米左右，射速 6 ~ 9 发 / 分，弹药基数 39 ~ 60 发。滑膛炮就是炮管内没有膛线的火炮，采用滑膛炮发射的炮弹因飞行中无需旋转，炮弹在离开炮口前不会承受巨大的旋转力，因此不易磨损炮管，在 20 世纪 80 年代后滑膛炮开始成为许多国家新一代主战坦克的首选。

3. 火控系统

超强火力的保证不但需要大口径火炮，更需要一套先进的火控系统。火控系统是一套安装在坦克上，用于搜索、发现并操纵坦克武器实施跟踪、瞄准和发射的自动或半自动系统。

Super Weapon
坦克集结

M60 主战坦克 　　　T-62 主战坦克 　　　74 式坦克 　　　T-26S 轻型坦克

装甲集结

　　这是本次任务中的装甲集结。为了能够适应坦克高速进攻的作战需求，坦克身边会有很多战斗伙伴，装甲运输车就是其中之一。在生死营救中，速度很快的装甲运输车将成为战士们抵达战场的不错选择。但行军过程中，危机会随时出现，一旦遇到敌军低空战机的进攻，就需要地面守护神——地对空导弹的保护。现在，装甲运输车和地对空导弹信息已列举完毕，请仔细阅读，在战斗中准确应用。

1. 装甲运输车

装甲运输车具有高速机动性、一定的防护和战斗能力。除了运输步兵以外，还可以运输战备物资、材料，必要时也可以用于战斗，是战场上的物资支援保证。但值得注意的是，装甲运输车的火力弱，防护能力比较差。

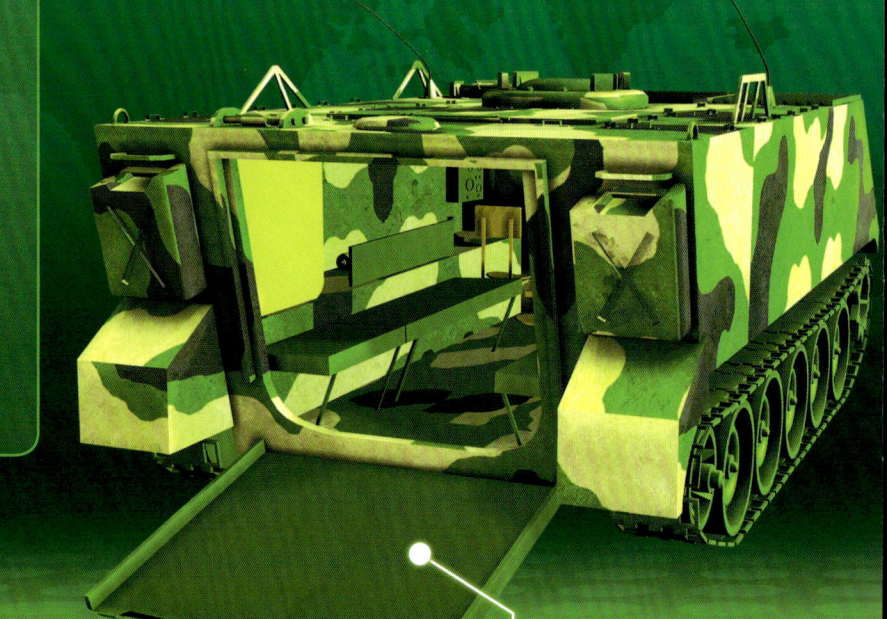

M42
自行高炮

M113A2
装甲输送车

2. 地对空导弹

地对空导弹是指从地面或水面发射，攻击空中目标的导弹，也被称为防空导弹，是第二次世界大战后发展起来的一种新式防空武器。按照作战任务的不同，可以分为国土防空和野战防空两种；按照机动性的不同，可以分为机动式、固定式和便携式三种；按照射高可以分为高空、中空、低空三种；按照射程可以分为远程、中程、近程三种。

3. 地对空导弹的特点

地对空导弹与地面的搜索系统、指示系统、制导系统、发射系统等构成了地对空导弹武器系统。该系统具有作战区域大、单发命中率高、反应速度快、火力覆盖广等特点，是防空武器中的重要成员之一。

SA-9 防空导弹

Super Weapon

装甲集结

猎鹰 Super Weapon

战机集结

这是本次任务中的战机集结。在生死营救中，敌军为了破坏我方的营救行动，一定会在途中进行大规模拦截。除地面部队之外，最具杀伤力的非轰炸机莫属，它们威力大、航程远，是空战中当之无愧的"巨无霸"，满载弹药的轰炸机就像一台台播种机，在飞行过程中将死亡的种子撒向大地。在任务中想要减少轰炸机的杀伤力，首先要了解它们的关键信息，在战斗中冷静分析，做出正确的抉择。

1. 轰炸机的任务

飞机诞生后就开始应用于军事，轰炸机的出现也比较早，它们的任务是用机上携带的炸弹、鱼雷、导弹等以空投的方式，对地面进行轰炸，从而打击地面、水面的目标。用不同武器，可以完成不同的作战任务。

| 米格-21MF 战斗机 | BF109E-3 战斗机 | DHC-6/400 运输机 | F/A-18E 攻击机 | JU188E-1 轰炸机 | JU87B-1 轰炸机 |

2. 轰炸机的分类

轰炸机是一个分类众多的大家族。按执行任务范围，可分为战略轰炸机和战术轰炸机；按载弹量，可分为重型轰炸机、中型轰炸机和轻型轰炸机；按航程，可分为远程轰炸机、中程轰炸机和近程轰炸机；按飞行速度的快慢，可分为超音速轰炸机和亚音速轰炸机。

3. 轰炸机的设备

轰炸机上配有很多先进的战斗设备，其中火控系统可以保证其具有全天候轰炸能力和很高的命中精度，电子设备可以保障其远程飞行和低空突防能力，先进的受油装置可以在飞行过程中进行加油。

| BF110E-1 轰炸机 | 苏-24M 战斗轰炸机 | OH-6A 直升机 | 卡-50 武装直升机 | 卡-25 直升机 |

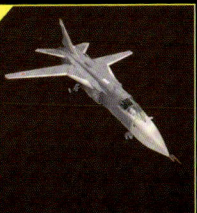

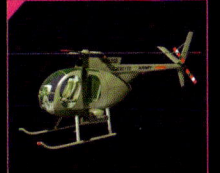

Super Weapon
战机集结

06:58:34

机舱外战火连天，我的意识渐渐清醒，无线电里传来队友麦迪的声音："我是1号，空中敌机3架，均为苏-24M战斗轰炸机，我们将驾驶F/A-18E攻击机开始反击，请做起飞前的最后准备，over！""2号准备完毕，over！"身为3号机驾驶员的我立即调整状态，回复道："3号准备完毕，请指示。"麦迪果断下达起飞指令："按照1、2、3号顺序，起飞！"

F/A-18E 攻击机

生 产 国：美国
机 身 长：18.31 米
机　　高：4.88 米
起飞限重：29938 千克
最高时速：1814 千米 / 时
升　　限：15000 米

武器配备

　　F/A-18E 攻击机共有 9 个外挂架，可携带多种空对空、空对地导弹。

　　F/A-18 系列攻击机是由麦克唐纳·道格拉斯公司研制的攻击机，绰号"大黄蜂"。该系列飞机拥有多种型号，其中 F/A-18E 是最先进的一款，被称为"超级大黄蜂"。F/A-18 系列攻击机是美国海军唯一既可以作为攻击机使用，又可以作为战斗机使用的舰载飞机，它的载弹量多，武器投射精度高，可靠性强，维修简单，有较强的战场生存能力。

尾 翼
　　直尾翼位于水平尾翼和机翼之间，角度略向外倾斜。

机 翼
　　该机翼可以向上折叠，节省空间。

"熊猫"与"大黄蜂"
　　自20世纪70年代开始，F-14"熊猫"战斗机一直是美国航空母舰上首选的舰载战斗机。但随着F/A-18"大黄蜂"攻击机装备部队，并以其空战多面手的特点受到广泛欢迎，逐渐取代了F-14"熊猫"战斗机的位置。

06:55:46

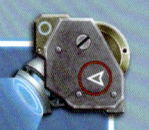

伴着强烈的推背感，我们顺利升空，与敌军战机的较量也正式开始。敌军的苏-24M战斗轰炸机非常厉害，无线电中传来麦迪急促的声音："3号，小心你的右翼……好机会……"来不及回复，我稳定机身，瞄准发射，成功命中目标。

苏-24M 战斗轰炸机

生产国：苏联	起飞限重：43755 千克
机身长：22.53 米	最高时速：1654 千米/时
机　高：4.97 米	升　限：11000 米

苏-24M 战斗轰炸机是苏-24 系列轰炸机的改进型。该系列飞机是超音速、全天候战斗轰炸机，绰号"击剑手"，于 1964 年开始研制，1970 年首飞，1974 年正式服役。

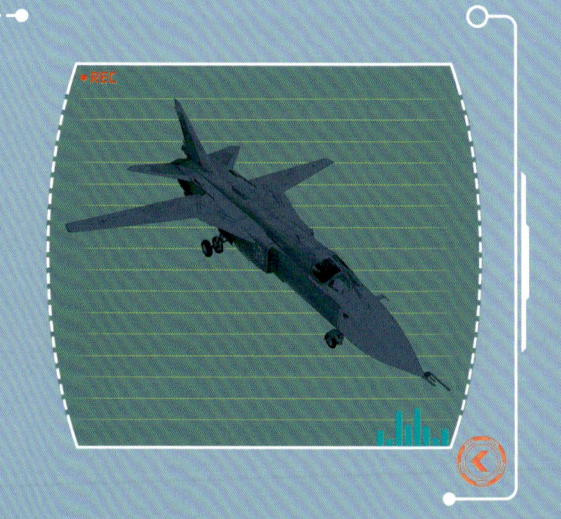

变化多样的苏-24 系列战斗轰炸机

苏-24 系列战斗轰炸机装有惯性导航系统，飞机能远距离飞行而不需要地面指挥引导。它们可以携带制导和非制导武器对敌方纵深的目标实施遮断攻击，也可以携带小型核弹进行战术核轰炸。机翼采用了可变的后掠翼设计，后掠角的可后掠能在 16、35、45、69 度间调节，起飞、着陆时为 16 度，对地攻击或空战时为 45 度，高速飞行时为 69 度。

14

苏-24系列战斗轰炸机总制造数量超过1000架，外销多个国家和地区。先后生产了多种型号，主要为：A型是试飞型，B型是作战型，C型、D型（苏-24M）是攻击型；E型（苏-24MR）是由D型派生出来的侦察/电子战型；F型是侦察型。各型号战机在战场上均有优异表现。

苏-24M战斗轰炸机的历史地位

苏-24M战斗轰炸机的研制是在地对空导弹飞速发展的背景下开始的。研究人员必须使苏-24M战斗轰炸机能够在致命的防空火力下生存下来，因此该飞机是第一种装备了以计算机轰炸瞄准系统和地形规避系统为核心的火力控制系统的苏联飞机，这标志着苏联飞机的火控和电子技术水平上了一个新台阶。

苏-24系列战斗轰炸机机身为全金属半硬壳式结构，机头呈锥形，下端有明显上翘的曲线侧面，呈刀形，顶端有较长的空速管。两个座椅并排安装，发动机并排装在机身后部。机翼油箱安装在驾驶舱与发动机之间，内可装9000千克的燃油。机身及机翼挂架上还可携带4个副油箱。

机翼

机翼后掠角能调节多种角度，适应不同的飞行要求。

武器配备

苏-24M战斗轰炸机可携带空对空导弹、空地导弹、航空炸弹等武器。

起落架

可收放的前三点式起落架，保障飞机起飞与着陆。

苏–24 系列战斗轰炸机是为了加强空军对地攻击能力研制而成的,也是第二次世界大战后苏联第一种可以执行对地攻击任务的战斗机。其主要使命是深入敌境,攻击陆军集结部队或空军基地。该系列飞机有多个外挂点,能携带约 8000 千克重的外挂载荷,具备强大的对地攻击轰炸能力和空中格斗能力。

进气口

机身两侧进气,进气道为矩形,截面积较小,有可调节的斜板。

06:20:25

经过大约30分钟的战斗，我们顺利解决了空中危机。回到地面，我们要尽快穿越敌军的重重防线，10分钟内到达3号停机坪，找到一架BF109E-3战斗机。飞机上有AI战士所在边境城堡的位置图，我们将驾驶它赶到下一个任务点。时间紧迫，要时刻提防敌军的围追堵截，我们需要一挺近乎百变的机枪，MG34通用机枪就是最佳选择。

MG34 通用机枪

生　产　国：德国
口　　　径：7.92毫米
枪　　　长：1219毫米
全枪质量：12.1千克
发射方式：单发、连发
容　弹　量：50发、200发

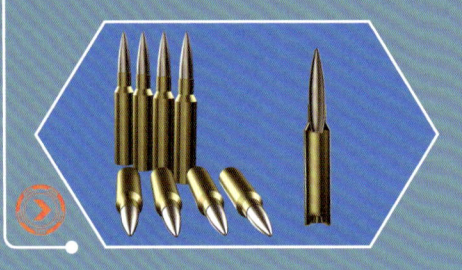

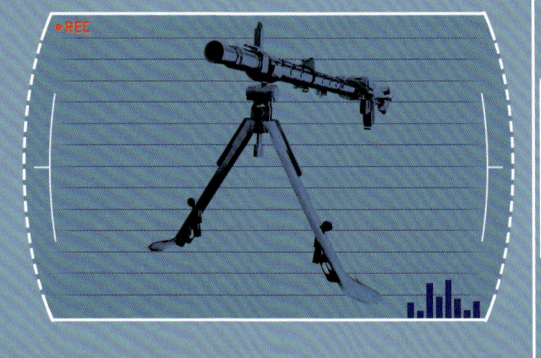

配用弹种

　　MG34通用机枪发射毛瑟98式7.92毫米枪弹，这种弹药的威力非常大。

　　MG34通用机枪是德国毛瑟公司设计的机枪。它既可作轻、重机枪，也可作高射和坦克机枪，是世界上最早的两用机枪，也是第一种大批量生产的通用机枪。在第二次世界大战中，MG34通用机枪被广泛使用，采用50或200发的弹链供弹。但该枪有两个致命的弱点：一是质量较大；二是零件较多，制造工艺复杂，不适合量产。

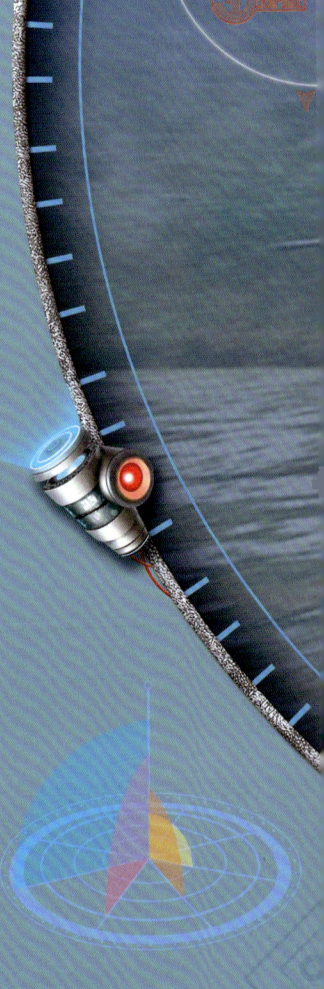

枪管

　　枪管很长，可快速拆卸，采用风冷式来降低枪管温度，保证射击的连续性。

扳机

　　扳机下面设有凹槽，可以用来控制单、连发功能。

两脚架

　　在机枪枪管套筒上固定上两脚架，该枪就可以作为轻机枪使用。

06:12:14

突破重围，我们到达3号停机坪，此时时间已经过去大约9分钟，BF109E-3战斗机蓄势待发。旋转的螺旋桨仿佛在提醒我们时间的重要性。我们用最快的速度起飞，驾驶着BF109E-3战斗机，真正的战斗才刚刚开始。飞机上的位置图提示我们，边境城堡位于"龙骨原野"的库兰德地区，但AI战士的位置依然不明，前方危机四伏，我们向库兰德地区全速飞行。

BF109E-3 战斗机

生 产 国：德国
机 身 长：8.64米
机　　高：2.6米
起飞限重：2505千克
最高时速：570千米/时
升　　限：10500米

武器配备

BF109E-3战斗机主要配备2门机炮，2挺MG 17机枪。

BF109E-3战斗机是BF109系列战斗机中第一种进入大批量生产的型号，1938年开始服役，从E-1到E-7共7型号。BF109系列战斗机是德国第一种进入实战的悬臂下单翼、起落架可收放的军用飞机。在第二次世界大战期间，它是最著名也是生产数量最多的战斗机。该飞机能胜任多种任务，包括截击、支援、夜间战斗、侦察、护航和地面攻击等。

机 身

　　BF109系列战斗机的机身看起来比较窄，这在当时是比较少见的。

座 舱

　　封闭式座舱，为了节省空间，座舱内给飞行员预留的空间较窄。

庞大的战斗机家族

　　BF-109系列战斗机有十几种改进型，各型号的生产总量超过33000架。其中BF-109A战斗机至BF-109D战斗机都是小批量试验型，而BF-109G战斗机是该系列飞机中产最多的型号，发动机功率增强，性能有了显著提高。

06:02:47

突袭是惯用的战争手段，所以这一路我们必须时刻保持警惕。果然，在看似平静的空中，我们遭遇了袭击。敌军驾驶着JU87B-1轰炸机，对我们展开新一轮进攻，这种飞机的结构坚固，破坏性极强。面对强敌，我们迅速按照D计划编队，一场激烈的空战立即打响。双方经过了近15分钟的对战，均损失惨重，战斗进入白热化，我们要尽快找到办法脱身。

JU87B-1 轰炸机

生　产　国：德国
机　身　长：11.1米
机　　　高：4.01米
起飞限重：4340千克
最高时速：383千米/时
升　　　限：8200米

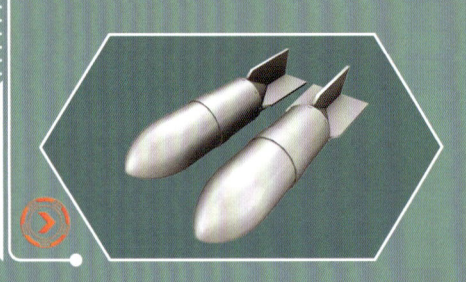

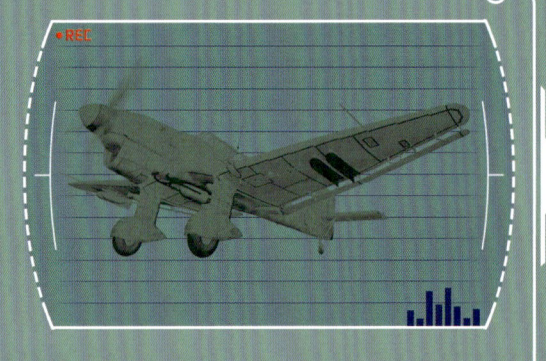

武器配备

JU87B-1轰炸机主要配备3挺7.62毫米轻机枪，还可以携带炸弹约500千克。

JU87系列轰炸机是德国容克公司研制的螺旋桨俯冲轰炸机（以高速俯冲方式攻击地面或水面目标的轰炸机），绰号"图斯卡"，其中，JU87B-1轰炸机是第二次世界大战时期生产的标准型号。该系列飞机结构坚固，可经受大角度的急速俯冲，俯冲时机身基本没有晃动，大大增加了投弹的命中率。JU87系列轰炸机操纵简单，很容易上手，深受广大飞行员的喜爱。

JU87 系列轰炸机的参战记录

　　JU87 系列轰炸机自诞生之日起就参加了很多战役：1936 年，3 架 JU87A-1 轰炸机参加了西班牙内战；1939 年，3 架 JU87B 轰炸机对波兰进行轰炸；1940 年 5 月，多架 JU87B 轰炸机在法国上空呼啸而过，成为可怕的恐怖制造者……

尾翼

起落架

　　起落架上装有发声气笛，俯冲时能发出尖锐的声音，让人闻风丧胆。

为了吸引敌军火力，我驾驶的飞机被敌机击中。在坠机的适当高度，我果断跳伞，降落在一个陌生小镇。我与这里的新战士组成小队，手握精度很高的 M1 加兰德步枪，全速赶往库兰德地区，寻找边境城堡。一辆装甲运输车出现在我们的视线范围内。

M1 加兰德步枪

生产国：美国　　　　　口　径：7.62 毫米

枪　长：1100 毫米　　全枪质量：4.37 千克

发射方式：单发　　　　容弹量：8 发、20 发

　　M1 加兰德步枪是由美国著名枪械设计师约翰·加兰德设计的半自动步枪。从 20 世纪 20 年代，加兰德曾先后设计了 54 种步枪，其中最著名的就是 1936 年 10 月定型的 M1 加兰德半自动步枪。

挂着勋章的步枪

　　M1 加兰德步枪的火力优势在第二次世界大战的战场上被发挥得淋漓尽致。当时，在为一名击毙了敌军高级指挥官的阵亡士兵追授勋章时，勋章就被挂在了这名士兵生前使用的 M1 加兰德步枪上。美国著名的"铁血将军"乔治·巴顿评价 M1 加兰德步枪是"曾经出现过的最了不起的战斗武器"，还将它放在自己的车里以备不时之需。

M1加兰德步枪在战争中经历过风雪、潮湿、海洋、高山地带、热带丛林和干燥沙漠等多种恶劣环境的考验，被公认为是"可靠性好、射击精度高的步枪""20世纪最出色的步枪之一"。它不仅性能可靠而且造价低廉，其击发和发射机构至今仍被许多现代步枪所采用。

产量巨大的M1加兰德步枪

M1加兰德步枪从1936年开始装备美军，是美国在第二次世界大战中使用数量最大的单兵作战武器，也是第一种在战场上广泛使用的半自动步枪。战争中的"加兰德步枪"受到使用者的诸多好评，并由此闻名于世。战争结束时，该步枪的产量超过了400万支，到1957年，全世界的生产量已将近1000万支。

M1加兰德步枪主要由枪管、机匣组件、机框组件、枪托、弹仓、前后护木以及击发和发射机构组成。扳机上有扳机连杆和钩状第一阻铁。击锤上有两个钩，当击锤被完全压倒时，两钩呈水平位置。相对于同时代需要手动装填子弹，该枪采用后拉式枪机，射击速度有了很大的提高。

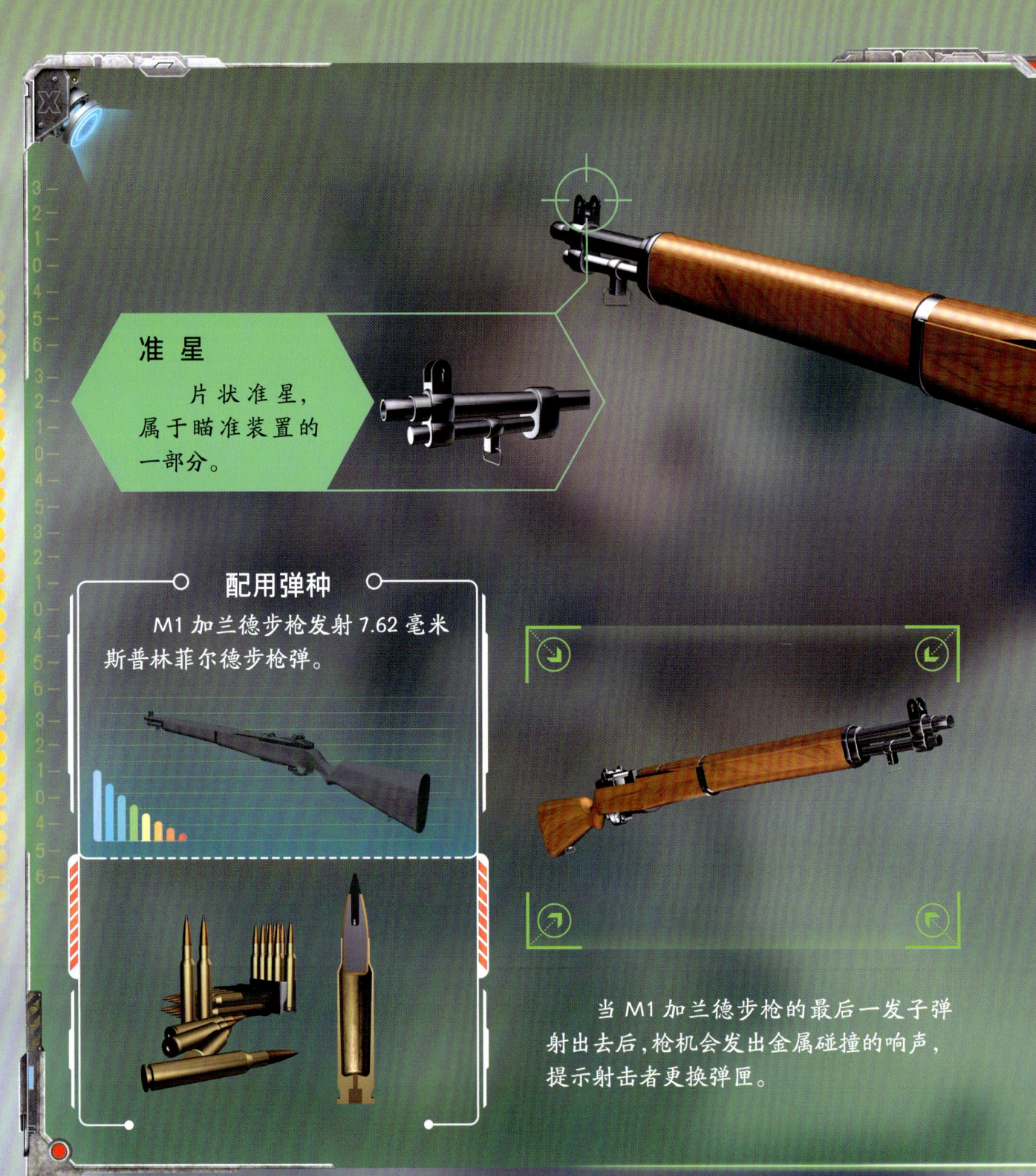

准星

片状准星，属于瞄准装置的一部分。

配用弹种

M1加兰德步枪发射7.62毫米斯普林菲尔德步枪弹。

当M1加兰德步枪的最后一发子弹射出去后，枪机会发出金属碰撞的响声，提示射击者更换弹匣。

M1加兰德步枪利用膛内导出的火药气体推动活塞，带动机框和枪机后坐，完成自动动作。最开始它的导气装置安装在枪管上方且没有导气孔，这使枪管处连接不牢固，安装刺刀不稳定，影响射击精度。后经过重新设计，导气装置被安装在枪管下方，还开了导气孔，这样就解决了之前的问题。

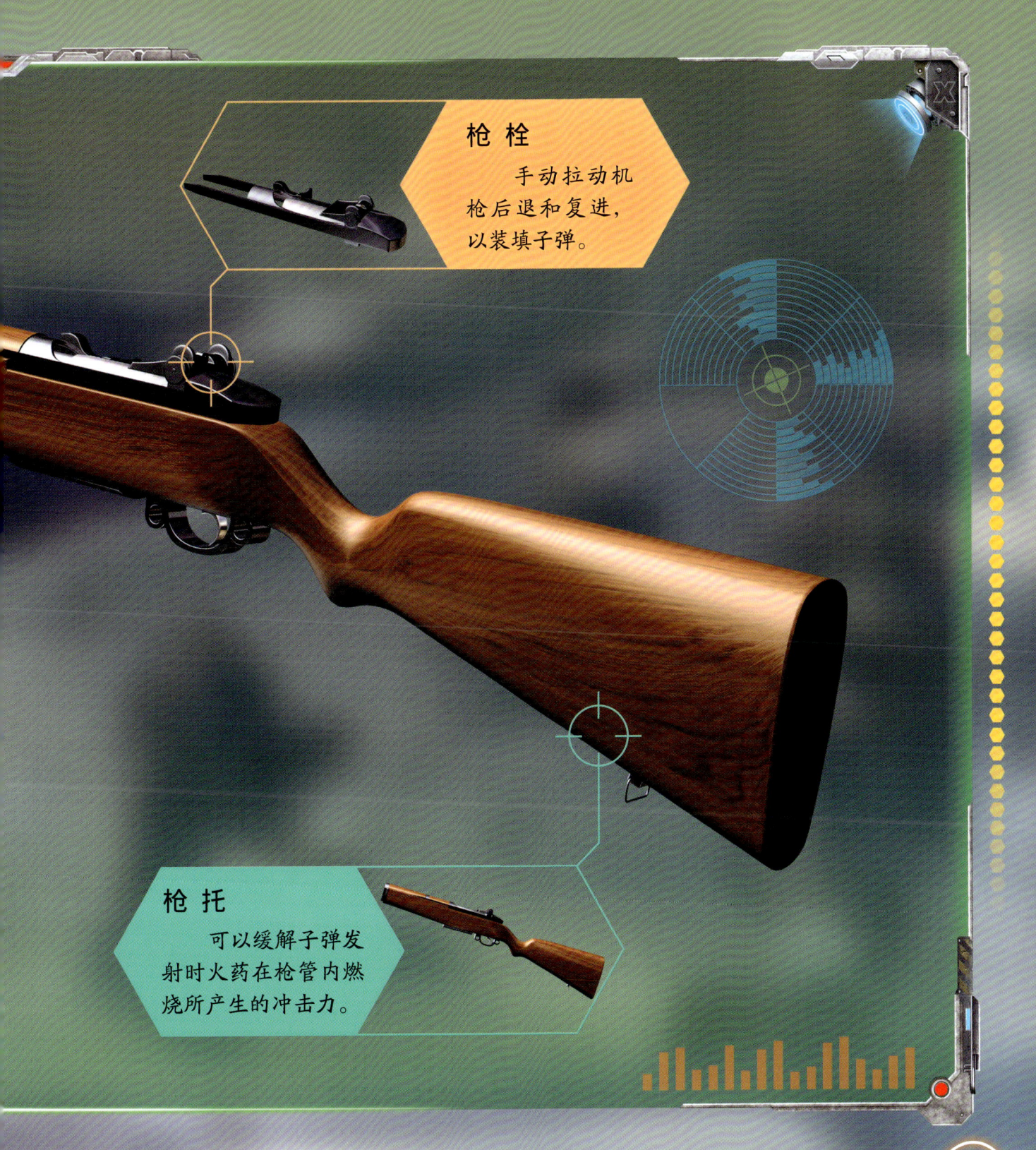

枪栓

手动拉动机枪后退和复进，以装填子弹。

枪托

可以缓解子弹发射时火药在枪管内燃烧所产生的冲击力。

05:30:08

我们登上 M113A2 装甲输送车，这种车辆行驶速度快、可靠性高、越野能力强，还能水陆两用，在崎岖山路上是非常不错的选择。它的出现大大提高了我们的行军速度，伴随着发动机的隆隆声，在位置图的指引下，我们向着库兰德地区继续进发。虽然现在相对安全，但一样不能放松警惕，大家轮流执行车外侦察任务，警惕随时可能出现的敌情。

M113A2 装甲输送车

生　产　国：美国
乘　　　员：2人（可载员11人）
车　　　长：4.86 米
车　　　高：2.52 米
车　　　重：11261 千克
最 高 时 速：67.59 千米/时

武器配备

M113A2 装甲输送车主要配备 1 挺 12.7 毫米 M2 重机枪。

　　M113A2 装甲输送车是 M113 系列装甲输送车中的改进型，是一种轻型两栖履带式装甲输送车。M113 系列装甲输送车是美国陆军和海军陆战队装甲队输送车中的主要车型。该车整体质量轻、行驶速度快、可靠性好，深受战士们的喜爱。它主要用于输送兵员和武器装备，还能参加其他特殊任务，大大提高了战时的战略部署效率，还能很好地协同坦克和步兵作战。

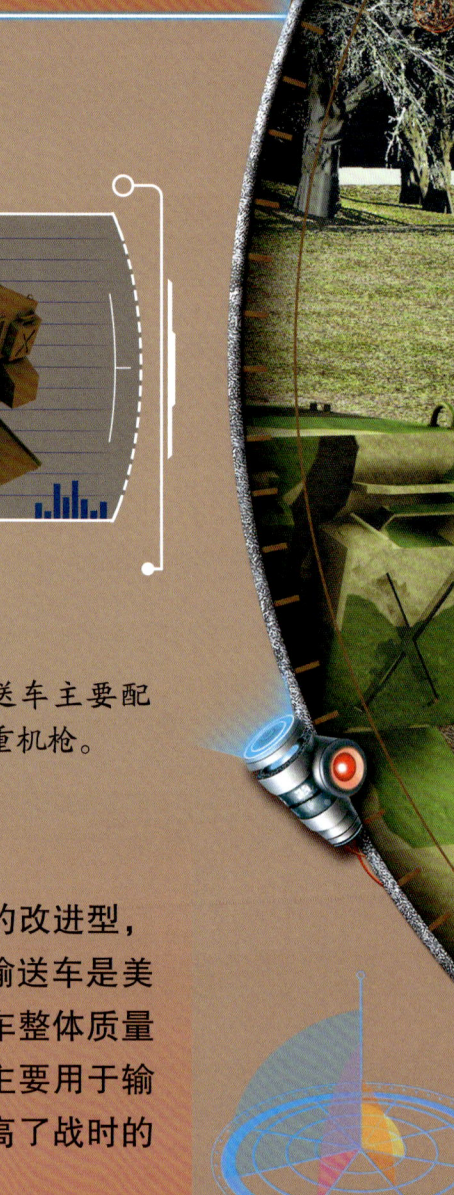

战场出租车

　　M113 系列装甲输送车虽然在众多的装甲战车中并不起眼，但没有哪一种装甲车像它这样被广泛使用。该车车体轻便结实，在世界上大大小小的战争中几乎都能看到它的身影，被战士们亲切地称为"战场出租车"。

车门

　　车尾有能向下打开的电动跳板，可供乘员上、下车。

05:18:41

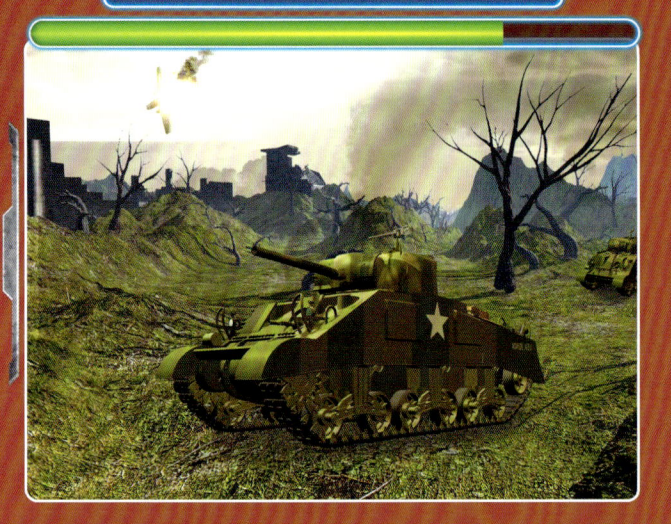

在行军车队中一定会有护卫坦克的身影，坦克和装甲输送车可以协同作战，让队伍拥有坚不可摧的炮火支援。这是我们选用的护卫坦克——M4中型坦克，该坦克上装备了火炮垂直稳定仪，能够在行进过程中准确锁定目标。再过10分钟左右，我们即将驶入一片相对平坦的区域，这里几乎没有掩体，很容易暴露目标，所以此地被大家称为诅咒之地。

M4 中型坦克

- 生产国：美国
- 乘　员：5人
- 车　长：7.54米
- 车　高：2.97米
- 车　重：33650千克
- 最高时速：38千米/时

武器配备

M4中型坦克主要配备1门76毫米火炮，辅助武器为2挺12.7毫米机枪。

M4中型坦克是第二次世界大战中后期美国生产的著名坦克，也是战争中生产数量最多的坦克。该坦克是在M3中型坦克的基础上改制而来，1941年9月正式命名，也被称为M4"谢尔曼"中型坦克，这个名字来源于美国南北战争时期的名将威廉·特库赛·谢尔曼。该坦克的炮塔转动速度在当时是最快的，还装备了火炮垂直稳定仪，能够在行进过程中瞄准目标。

北非战场大显神威

在第二次世界大战期间的北非战场上，英军撤至阿拉曼时，已置身于退无可退的境地。这时，约400辆M4中型坦克火速赶到，经过5个小时的炮火准备，坦克大军率先向德军发起进攻。经过12天的激战，英军逆转了战局，打败了德国的非洲军团。

装 甲

车体正面和侧面的装甲各厚50毫米，但能达到70毫米的防护效果。

履 带

05:06:32

到达诅咒之地，空旷的原野危机四伏。敌军的巡逻飞机很快就发现了我们，并迅速地向我们开炮。这是OH-6A直升机，该直升机不但拥有强大的火力防护，还配备了非常先进的夜间瞄准系统，可以在夜晚精确地搜索和侦察。我们毫无遮掩地暴露在它的侦察范围内。那些直升机就像是在天空中释放火焰的恶魔，经过几轮重火力猛攻，我们损失惨重。

OH-6A 直升机

生产国：美国
机身长：7.01米
机 高：2.48米
起飞限重：1406千克
最高时速：241千米/时
悬停高度：2225米（无地效）

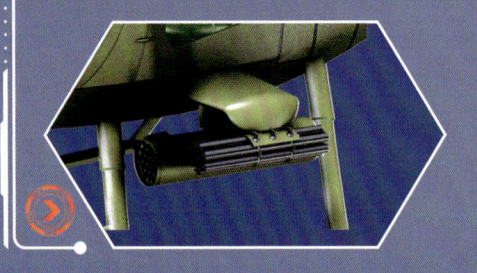

武器配备

　　OH-6A直升机主要配备1枚反坦克空地导弹，1挺7.62毫米链式自动机枪等。

　　OH-6A直升机是OH-6系列直升机的原型机，是美国休斯公司研制的轻型观察直升机，绰号"印第安种小马"。1960年，美国陆军提出研制轻型直升机的计划，多种机型参与竞标，最后休斯公司制造的OH-6A直升机获胜。该系列直升机配备了极为先进的夜间瞄准系统，可以精准地进行搜索和侦察，还可执行指挥和管理等任务。

螺旋桨

　　四片桨叶全铰接式旋翼，各桨叶安装结合的部位由 15 块相互叠合的不锈钢钢片组成。

尾桨

　　尾桨有两片桨叶，由成型钢管玻璃钢蒙皮构成。

低噪音 OH-6A 直升机

　　1971 年 4 月，休斯公司研制了低噪音 OH-6A 直升机。让该飞机有效载荷增加了 272 千克，速度增大了 37 千米/时，却只需用原直升机发动机所需功率的 67%，因此大大降低了飞行中所产生的噪音。

04:45:16

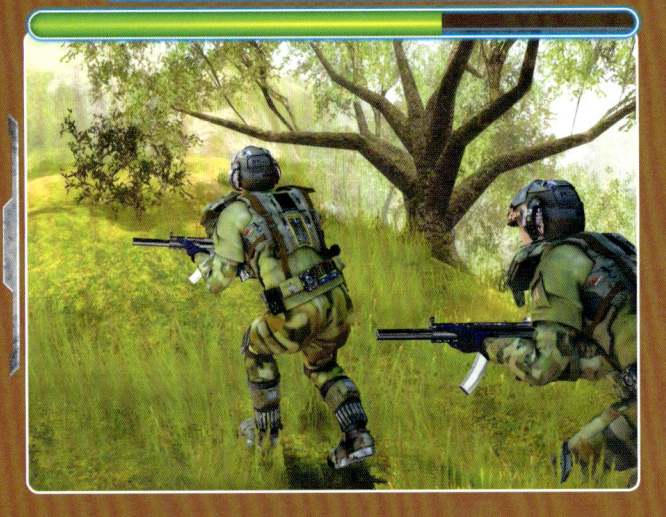

空袭中，多辆坦克和装甲运输车被击毁，我们意识到，此时装甲车辆的目标过大，大家纷纷下车，朝着树木葱郁、便于隐藏的树林跑去。手中MP5SD1冲锋枪，是此时的火力防护，该枪结构紧凑，射击精度高。敌军的空袭结束后，必定会派出行动小组对我们进行地面拦截，所以必须尽快找到隐藏地点，占领最佳战斗位置，等待敌军的出现。

MP5SD1 冲锋枪

生　产　国：德国
口　　　径：9毫米
枪　　　长：550毫米
全枪质量：2.9千克（不含弹匣）
发射方式：单发、连发
容弹量：15发、30发

配用弹种

MP5SD1冲锋枪发射9毫米帕拉贝鲁姆手枪弹，这种弹用量大、流行广、历史悠久。

MP5SD1冲锋枪是MP5SD系列冲锋枪中的一种，该系列冲锋枪结构紧凑，均装有整体枪管消声器，是著名的MP5系列冲锋枪中的消音型。MP5SD系列冲锋枪共6种枪型，在枪管外套着一个40毫米直径的消音筒，这个消音筒有前、后两个气体膨胀室，弹头初速低于亚音速，这大大减小了射击时的声响，有利于执行特殊任务。

瞄准装置

该枪有机械瞄准具、望远瞄准镜、光点投射器和夜视瞄准具等多种瞄准装置。

弹匣

枪托

MP5SD 系列冲锋枪的消音原理

MP5SD 系列冲锋枪枪管外的消音筒里,有前后两个气体膨胀室。射击时,一部分火药气体经小孔进入后膨胀室,降低燃气压力,减少弹头的运动加速度。前膨胀室可以改变燃气排出方向,降低气流声响,使弹头在飞行中不会造成冲击波,从而达到消声效果。

04:39:33

在重火力扫射下，诅咒之地已经成为一片火海，时间正在流逝，我们必须尽快解决空中危机。我和几名战士得到一份艰巨的任务——找到一种可以将天空中的直升机击落的武器和一架能加快行军速度的飞机。我们使用三八大盖步枪，这种步枪射程远、精度高、结构简单、容易分解，适合此时恶劣的战争环境。经过不懈努力，我们终于逃出了诅咒之地。

三八大盖步枪

- 生产国：日本
- 口　　径：6.5毫米
- 枪　　长：1275毫米
- 全枪质量：4.1千克
- 发射方式：单发
- 容弹量：5发

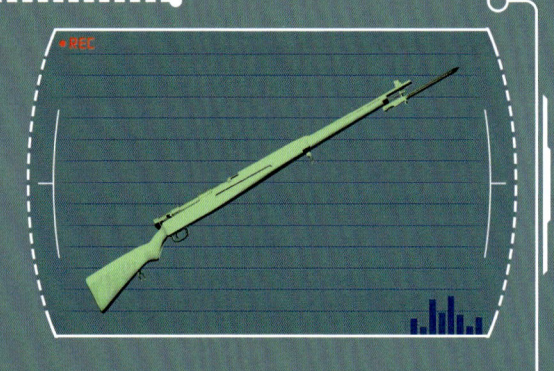

配用弹种

三八大盖步枪发射日本研制的6.5毫米半底缘枪弹，这种弹药的穿透能力超强。

三八大盖步枪也叫三八式6.5毫米步枪，是日本在金钩步枪的基础上改进研制的一款制式军用步枪。因为该枪机匣上方装有防尘盖，所以被称为三八大盖步枪。该枪结构简单，分解开只有枪机、栓体、抽壳钩、机尾、击针和击针簧5个零件。三八大盖步枪使用直动枪机式设计和5发弹匣供弹系统，每次单发前要退出弹壳再上膛，也就是需要拉一次枪栓打一枪。

刺 刀
该枪的刺刀不仅与其他日本步枪和枪机的接口通用，而且钢度特别好，是一种不卷刃、不崩口的刺刀。

防尘盖
独有的防尘盖设计，让沙尘不易进入机匣。

三八大盖步枪在日本受欢迎的原因
日军使用三八大盖步枪将近40年，该枪备受青睐的原因除了自身性能好之外，还有精准的射击精度。因为日军都是在海外作战，军备运输是最大的难点，所以他们对子弹倍加珍惜，精准度好的步枪能大大减少子弹的浪费。

04:21:47

我们没有辜负大家的期望，成功启用了制敌的绝妙武器。伴随着螺旋桨和车轮卷起的阵阵尘土，SA-9防空导弹和卡-50武装直升机及时赶到，它们将是化解危机的关键。此时，其他战士也陆续赶到，战斗力量迅速补充。SA-9防空导弹的杀伤半径超过7米，适合阻击武装直升机，它将成为那些"空中恶魔"最强劲的对手，随着导弹的陆续发射，空中危机顺利解除。

SA-9 防空导弹

生产国：苏联
弹　　长：1.8米
弹　　径：0.12米
速　　度：680米/秒
射　　程：15～4500米
作战半径：600～7000米

发射方式

SA-9防空导弹采用红外制导系统，发射方式为四联装倾斜发射。

SA-9防空导弹是一种全天候、低空、近程地对空导弹系统，1968年开始装备苏联军队，用于攻击低空飞机。将SA-9防空导弹系统装在一辆BRDM-2型水陆两用的轮式装甲车上，这样可以提高其机动性，让导弹能跟随机动部队作战。该车的最大公路行驶速度约90千米/时，最大水上行驶速度约9千米/时。车上还配有夜视仪，便于夜间作战。

38

身经百战的导弹发射车

SA-9防空导弹发射车性能优良，先后参加了1981年叙利亚与以色列在黎巴嫩的冲突、两伊战争、海湾战争、安哥拉战乱、北约对前南斯拉夫的军事行动以及伊拉克战争等。

发射筒

用于填装、存储、运输和发射导弹，与发射台相连。

车轮

04:05:20

我驾驶着卡-50武装直升机悬停在一片平静的水域，螺旋桨飞速转动，水面激荡起淋漓波光。队友们登上直升机后，我操纵直升机平稳地飞上天空。这架直升机不但能完成反坦克任务，还可用来执行反潜、搜索和救援等任务，在空战中具有很大的优势，是此时的不错选择。有了它的加入，我们会更快到达库兰德地区，为救援任务赢得宝贵的时间。

卡-50武装直升机

- 生产国：苏联
- 机身长：16米
- 机　　高：4.93米
- 起飞限重：10800千克
- 最高时速：310千米/时
- 悬停高度：4000米（无地效）

武器配备

卡-50武装直升机主要配备80毫米或122毫米火箭筒，可携带多种导弹，载弹量3000千克。

卡-50武装直升机是苏联卡莫夫设计局研制的武装直升机，也是世界上第一种采用同轴反转双旋翼结构的武装直升机，绰号"狼人"。该直升机1977年完成设计，1995年8月正式服役。卡-50武装直升机采用同轴反转双旋翼结构布局，不再需要尾桨，省去了尾桨和一整套尾桨传动和操纵装置，大大提高了战斗的生存能力，可用于执行反舰、反潜、搜索、救援以及电子侦察等任务。

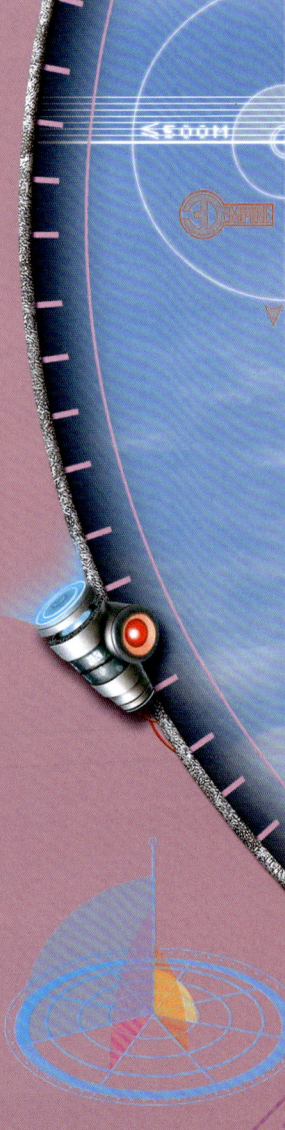

旋 翼
　　两副旋翼，每副旋翼有三片半钢性桨叶，旋翼桨尖后掠。

挂 架
　　每侧短翼下有两个挂架，可挂导弹或火箭弹，也可吊挂外部油箱。

起落架
　　采用可收放的前三点式起落架。

41

03:52:38

经过十几分钟的飞行，直升机上燃油不足，我们只能在静默之林与荒芜沙漠的交界处降落，随后集结坦克队伍奔赴荒芜沙漠中的雄狮之城。那里有启用战斗飞机的按钮，我们可以利用飞机提高行军速度。M42自行高炮行驶在坦克队伍的最前面，带领我们进入毫无生机的荒芜沙漠，履带在沙土上留下了长长印迹，又被风沙抹去，就像没有人经过一样。

M42 自行高炮

生 产 国：美国
乘　　员：6人
车　　长：5.82米
车　　高：2.85米
车　　重：22452千克
最高时速：72千米/时

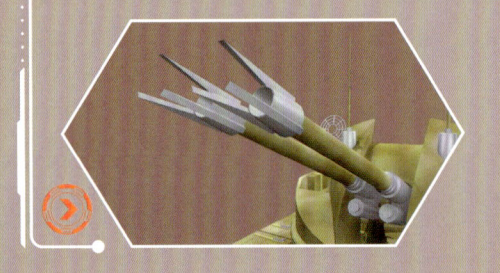

武器配备

M42自行高炮主要配备1门40毫米火炮，辅助武器为1挺7.62毫米机枪。

M42自行高炮最大的特点就是采用两个炮管，该炮1951年底设计完成，1953年10月正式装备美国陆军部队。M42自行高炮是由M41轻型坦克的底盘改进而来，主要特点是机动性能好，稳定性高，可以在装甲部队中作为主要防护火力。但敞开式的战斗室虽然扩大了视野，提高了射击精度，但防护性不强，成员的生存概率大大降低。

火炮中的"贵族"

1辆自行高炮的价格相当于2辆主战坦克。因为自行高炮上一般都会采用雷达等昂贵的电子设备和仪器,所以自行高炮的采购数量相对于其他火炮来说会少很多。

炮塔

炮塔是铸造件,炮身为双管式。

车体

车体由钢板焊接而成,前甲板倾角为60度,厚25.4毫米。

负重轮

车体每侧装有5个负重轮,在第1、第2和第5负重轮的位置还安装了液压减震器。

外面的风在呼啸，沙在狂舞。我们时刻保持警惕，警惕敌军坦克随时出现。我乘坐的是一辆T72主战坦克，它的优势有目共睹。伴随着坦克的逐渐深入，地势越来越平坦。我们仿佛看到了远处雄狮之城的影子，于是加速朝那里驶去。

T72 主战坦克

生产国：苏联　　车　高：2.19米
乘　员：3人　　　车　重：41000千克
车　长：6.41米　　最高时速：60千米/时

T72主战坦克是苏联研制的第三代主战坦克，于1971年投产，1973年大量装备苏联部队。T72主战坦克制造简单、可靠耐用，全车质量较轻，可以轻松通过桥梁、公路，具有良好的机动能力。

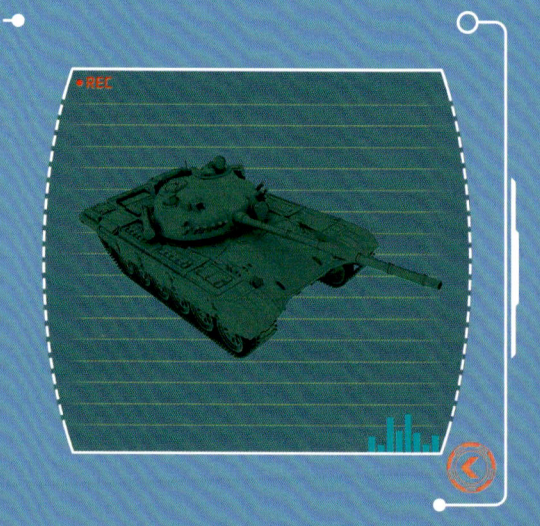

矮足猛虎

T72主战坦克的车高只有2.19米，是现代炮塔式主战坦克中最矮的，是名副其实的"矮足猛虎"。这样的造型有利于躲避敌人的攻击，大大降低了被炮弹射中的概率，增强了它的战斗生存能力。T72主战坦克的总产量超过2万辆，无论是生产数量还是装备范围，都是历史上最成功的坦克之一。

T72主战坦克上的滑膛炮发射初速为1800米/秒的穿甲弹，能在2000米的距离上将240毫米厚的钢板穿透，而发射的破甲弹更是可以在同样距离上击穿500毫米厚的钢板。此外，由红外瞄准镜、微光夜视仪等组成的火力控制系统，使T72主战坦克能在行进中，对距离1500米、速度10千米/时的运动目标进行射击时，首发命中率能达到75%。

战争中的T72主战坦克

在海湾战争中，T72主战坦克是伊拉克军队的王牌武器。在入侵科威特时，装备该型坦克的伊拉克共和国卫队，以突然袭击的方式直接进攻科威特腹地，仅1天时间就占领了科威特全境，其中T72主战坦克起到了很大的作用。但在另一次行动中，由于空中火力凶猛，T72主战坦克无法抵御武装直升机的打击，损失惨重。

T72主战坦克的车体是由钢板焊接而成，车内分为前部驾驶舱、中部战斗舱和后部动力舱。驾驶舱中的驾驶座位于车体的前部；战斗舱中装有转盘式自动装弹机，取消了装填手，舱内的布置都是围绕自动装弹机安排的，有车长和炮长两名乘员，车长负责指挥、观察和协调，炮长负责瞄准和开炮。

装 甲

采用复合装甲，在轧压钢板的过程中，两层钢板之间会放入异质材料，提高防弹能力。

武器配备

T72主战坦克主要配备1门125毫米滑膛炮。

履 带

履带是坦克的无限轨道，非常坚固。

T72 主战坦克在驾驶员的位置上方有 1 个可从车内向外开关的舱盖，就像天窗一样。但这个舱盖与炮管有冲突，驾驶员如果想开窗驾驶，就要先将火炮向一侧转动一定角度并加以固定，再打开舱盖；关窗驾驶时，驾驶员白天可以借助潜望镜、夜间可以借助红外或微光潜望镜观察车外情况。

炮塔

炮塔呈半球形，是非常坚固的铸钢件，各部位厚度不等，正面位置最厚。

负重轮

共 6 个负重轮，采用行动式机械传动装置。

03:17:22

从进入荒芜沙漠开始，我们就在等待敌军的出现，但沙漠中异常平静。此时任务时间已然过半，随着距离雄狮之城越来越近，我们看到了敌军的坦克，它们肯定不是来欢迎我们的，而且，看样子已经等在这里很久了。通过外形我们判断那是 T-20 中型坦克带领的队伍，一辆坦克向我们发射了一发炮弹，我们立即还击，坦克与坦克之间的对决开始。

T-20 中型坦克

生 产 国：美国
乘　　员：5 人
车　　长：5.7 米
车　　高：2.44 米
车　　重：29830 千克
最高时速：40 千米/时

武器配备

T-20 中型坦克主要配备 1 门 76 毫米火炮，辅助武器为 1 挺 12.7 毫米机枪。

1942 年 5 月，美国军火部进行一项新型中型坦克样车的发展计划。该计划要求：制造 3 辆样车，每辆车全车重 32000 千克、安装 75 毫米自动火炮、100 毫米厚的前装甲等，3 辆车采用不同的装备，但是炮塔可以互换，T-20 中型坦克就是其中一辆。该坦克主动轮后置，大大降低了车身的整体高度。炮塔采用铸造件，还安装了水平螺旋弹簧悬挂系统。

48

著名的衍生者

　　T-20中型坦克有许多衍生型号，其中就有T-22中型坦克和T-23中型坦克，后来经过长期发展，最终衍生出著名的M26潘兴重型坦克。

车 体
　　采用钢制装甲焊接结构，正面厚62毫米、倾角47度。

负重轮

03:07:47

我们的坦克队伍火力威猛，经过激烈的战斗，最终击溃敌军防线，并顺利按下按钮，战斗飞机成功被启用。来不及犹豫，我和麦迪等人分别调用了两种战机。我驾驶的是BF110E-1轰炸机，有两名队友和我配合，危险如影相随，刚一起飞，就遭遇了敌机拦截。我们利用无线电沟通，采用灵活多变的战术，不断变换队形，彼此掩护。

BF110E-1 轰炸机

生 产 国：德国
机 身 长：12.65 米
机 　 高：4.12 米
起飞限重：6925 千克
最高时速：548 千米 / 时
升 　 限：10000 米

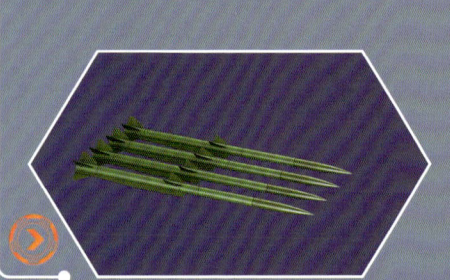

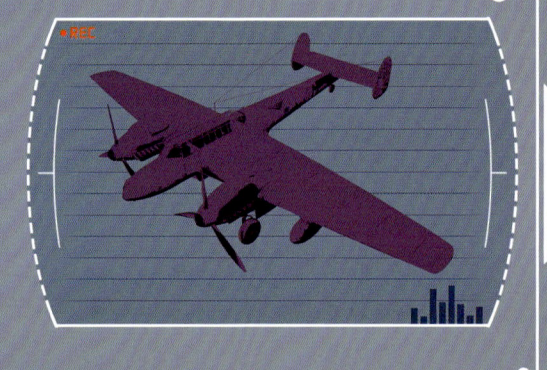

武器配备

BF110E-1 轰炸机机翼下可挂载 4 枚 50 千克炸弹，机腹可挂载 1～2 枚 1000 千克炸弹。

BF110E-1 轰炸机是 BF110 系列战斗机中的战略轰炸型。BF110 系列战斗机因其拥有超强的轰炸破坏能力，被称为"破坏者"。该系列飞机可以承担长航程轰炸机编队的护航任务，也可以用于夜间防空作战。它的战术方式灵活，当遭到敌方伏击时，它往往会采用圆形走马灯式的战术，使机与机之间头尾相接，彼此掩护，然后等待适当时机反击。

座舱

细长的机身前段有一个长长的纵列三座座舱，分别乘坐飞行员、通信雷达手和射手。

尾翼

机头

机头装有近距"C-1"和远距"SN-2"型机载搜索雷达。

气动布局

BF110E-1轰炸机是一种采用常规气动布局的飞机。气动布局是飞机外部总体形态布局，是指飞机的主翼、尾翼等位置的分布，气动布局会直接影响飞机的机动性。

03:01:33

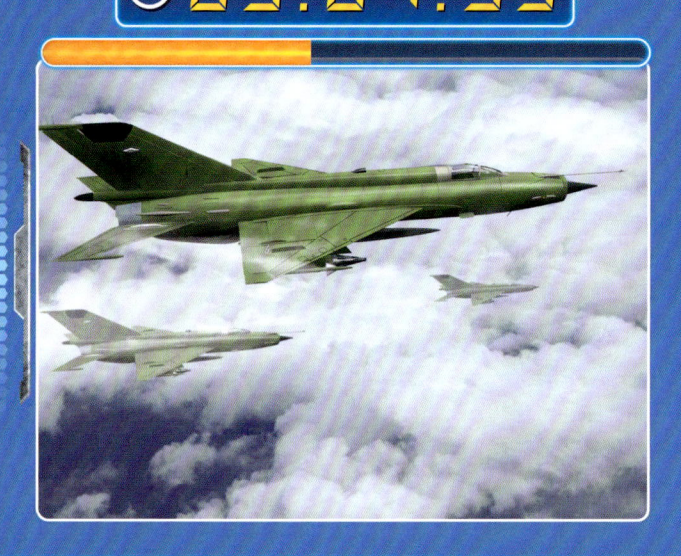

这是此次对我们展开空中拦截的敌机——米格-21MF战斗机，它的爬升速度快，超音速操纵性好，多模式火控雷达能同时跟踪8个目标，这扩大了该飞机的空对空攻击范围。敌机迅速组成编队，对我们展开大规模空袭，战况对我们非常不利。在分析了敌机情况后，我们迅速做出调整，采用且战且退，灵活飞行的战术，全方位观察敌机编队，寻找突破口。

米格-21MF战斗机

生 产 国：苏联
机 身 长：15.4米
机　　 高：4.13米
起飞限重：9600千克
最高时速：2230千米/时
升　　 限：18000米

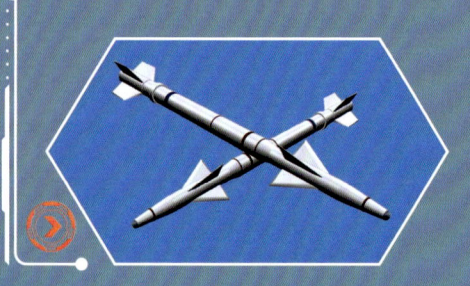

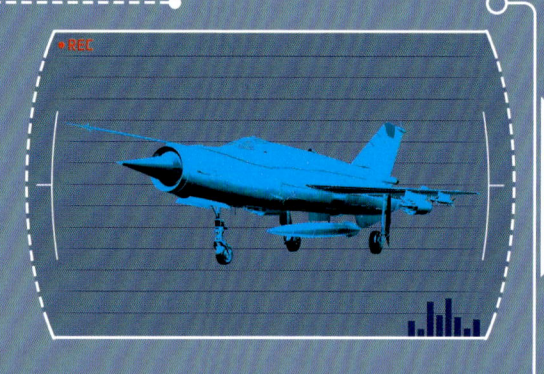

武器配备

米格-21MF战斗机主要配备1门23毫米双管机炮，4枚空对空或空对地导弹。

米格-21MF战斗机是米格-21系列战斗机中的一种。该系列战斗机是苏联在20世纪50年代初期研制的一种轻型、超音速战斗机，1958年开始装备部队，随后成为主力战机，先后装备了50多个国家和地区的空军。该系列飞机机身轻便灵活，爬升速度快，操纵性好，飞机上的电子设备使其具有良好的着陆能力，即使在恶劣气象条件下，也只需较少的燃油就能返回基地。

风云战斗机

在战斗机发展史中，米格-21系列战斗机称得上是"风云战斗机"。该系列飞机包括各种改进型，生产总量超过10000架，居超音速喷气式战斗机之首。此外，米格-21系列战斗机还曾经创下每年出口200架左右的军事交易纪录。

机翼

起落架

采用前三点式单轮起落架，带有液压收放装置。

02:51:54

此次空战，我们损失惨重，这是麦迪驾驶的 JU188E-1 轰炸机。成功突围的我们，进入了一团云雾之中。冲出云团后，我们发现自己已经进入了雪域迷境。在这里时间并未停止，大家都知道，要离开这里，重回营救任务，只有找到这片区域里唯一的一扇传送门。

JU188E-1 轰炸机

生产国：德国	起飞限重：14500 千克
机身长：15 米	最高时速：499 千米 / 时
机　高：4.4 米	升　限：9500 米

JU188E-1 轰炸机是 JU188 系列轰炸机中的一种，该系列轰炸机是第二次世界大战期间德国生产的多功能轰炸机，包括轰炸、侦察等多种机型。该系列轰炸机自 1942 年开始服役，总产量约 1100 架。

多种类轰炸机

JU188 系列轰炸机是以 JU88 轰炸机为蓝本，性能与载弹量都更卓越的轰炸机。但后来，由于战局的影响，德国将生产重心转移到战斗机上，所以 JU188 系列轰炸机的产量并不多。JU188 轰炸机炸弹舱较小，虽然可以通过外部挂载来增大携弹量，但飞行速度就会受到影响。

JU188系列轰炸机包含多种不同机型，JU188A/E轰炸机是同时交付使用的基础机型，改进型JU188G/H轰炸机解决了基础机型的炸弹存放空间不足等缺点。后来，研发人员将JU188A/E轰炸机的炸弹瞄准器拆除，并升级了燃料箱，增加了飞行里程，变成JU188D/F远程侦察机。

JU188D/F 远程侦察机

　　JU188D/F远程侦察机是专门为了执行侦察任务而生产的机型。其中JU188D-2侦察机属于海军侦察型，可容纳3人，还安装了机鼻雷达。侦察机是可以从空中获取情报的军用飞机，是现代战争中的主要侦察工具之一。按执行任务范围，侦察机分为战略侦察机和战术侦察机。前者一般具有航程远和高空、高速飞行的性能，多为专门设计；后者具有低空、高速飞行性能。

JU188E-1轰炸机采用颇具特色的大型蛋形全透明机头座舱,可乘坐5人,视野非常开阔,便于清晰观察目标。机头顶部安装了承载机炮的炮塔,在飞行过程中可以稳定操作,提高命中率。该飞机装有2台宝马801G型发动机,为庞大的机身提供源源不断的动力。

机翼

机翼的翼梢呈三角形,翼展能达到22米。

武器配备

JU188E-1轰炸机主要配备1门20毫米机炮,3挺13毫米机枪。

JU188E-1轰炸机的连续航行距离约为2190千米。

JU188E 系列轰炸机包括 JU188E-1 轰炸机和 JU188E-2 鱼雷轰炸机两种。其中 JU188E-2 鱼雷轰炸机的武装配备与 JU188E-1 轰炸机基本相同，但在机鼻部位安装了先进的海上搜索雷达，机翼下还能挂载 2 枚鱼雷，可以用来执行海上轰炸任务。

尾 翼

尾翼能保持飞机在飞行中的稳定性，控制飞行姿态。

起落架

起落架保障飞机的起飞与着陆，承受相应的负荷。

传送门的位置在有重兵把守的马瑟顿基地。想到达那里首先要穿越前方的一大片空地，进入马瑟顿基地所在的德纳尔城区。我们将飞机停在距离城区还有一段距离的废旧机场，随后调用AMX-30坦克，该坦克外形小，质量轻、生存能力强，还装有先进的光学仪器和火控系统，能昼夜作战。开着它进入德纳尔城区是不错的选择，一旦遇到敌军完全可以与之对抗。

AMX-30 坦克

生　产　国：法国
乘　　　员：4人
车　　　长：9.5米
车　　　高：2.8米
车　　　重：36000千克
最高时速：65千米/时

武器配备

AMX-30坦克主要配备1门105毫米线膛炮，辅助武器是20毫米机关炮和1挺7.62毫米机枪。

AMX-30坦克是法国伊西莱穆利诺制造厂研制生产的一种轻型坦克，也是法国第二代主战坦克。该坦克比当时其他国家的坦克都要小，具有射程远、火力强、机动性好等特点，但它的装甲比较薄，防护能力较弱。AMX-30坦克加上各种变形车和改进车型，总产量约4000辆，除装备法国军队外，还凭借其优良的机动性，大量出口到其他国家。

AMX-30 坦克诞生记

　　第二次世界大战结束后，法国经济落后，无法继续大量生产坦克。军事科学家认为应该在保证坦克机动性的前提下，通过减小尺寸、增加命中率来提高坦克的生存能力，而不是靠增加装甲厚度。这种思想直接影响了 AMX-30 坦克的设计。

舱门

炮塔
　　炮塔为铸造件，里面可容纳3名乘员。

车体
　　车体由轧制钢板焊接而成。轧制是一种金属加工工艺，可以增加装甲强度。

02:38:08

进入德纳尔城区后，我们发现这里到处弥漫着硝烟，战争的残酷一览无余。被炸得面目全非的汽车，冒着浓烟的房屋……如果这一切都是真的，那将是多么可怕的场景。敌军的 T-62 主战坦克向我们发射了一枚炮弹，战斗立即打响！

T-62 主战坦克

生　产　国：苏联　　　车　　　高：2.21 米（至炮塔顶）
乘　　　员：4 人　　　　车　　　重：37500 千克
车　　　长：9.75 米（炮向前）　最高时速：50 千米 / 时

T-62 主战坦克是苏联继 T-54、T-55 坦克后，于 20 世纪 50 年代末研制的新一代主战坦克。该坦克的生产一直持续到 70 年代末，总计生产约 20000 辆，曾先后出口到世界上的 27 个国家和地区。

中国博物馆中的 T-62 主战坦克

1969 年的 3 月，苏联军队入侵中国的珍宝岛，中方先后击退了苏军三次进攻，并用反坦克火箭筒击中了一辆苏军的 T-62 主战坦克。中方坦克部队的工程技术人员对这辆坦克进行拆解分析，为当时落后的中方部队获得了坦克制造的关键技术。直到现在，这辆 T-62 主战坦克还在中国人民革命军事博物馆中展出。

T-62主战坦克最主要的特点就是率先采用大口径滑膛炮，并且安装了先进的火炮双向稳定器，使其在行进间的射击精度提高了许多。在越野过程中，该坦克还可以跨越宽约2.8米、深约0.8米的战壕，在没有任何准备的情况下，还可以通过深约1.4米的浅滩。但该坦克也有射速慢，火炮俯角小等缺点。

T-62主战坦克的多种改进型

T-62系列主战坦克有多种改进型，其中T-62主战坦克为基本型；T-62M主战坦克为1981年研制的改良型，对射击操作系统进行了升级，还加装了弹道计算机和激光测距仪；T-62MV主战坦克安装了爆炸反应装甲，这种装甲采用了类似于夹心饼干的结构，中间会夹一个炸药层，当反坦克弹药（穿甲弹、破甲弹）击中装甲时，就会引发炸药爆炸，爆炸产生的冲击波会对反坦克弹药产生干扰，降低其穿甲能力。

T-62主战坦克采用传统布局结构：驾驶舱在车体左前部，战斗舱在车体中部，动力舱在车体后部。驾驶舱上有1个可向上升起并向左旋转打开的单扇舱门，方便驾驶员进出。驾驶舱前装有2个观察镜，可以时刻观察四周情况。坦克上还安装了红外线夜视瞄准镜，使其具有较强的夜战能力。

武器配备

T-62主战坦克主要配备1门115毫米滑膛炮。

履带

履带采用钢质单销式，由96块组成。

T-62主战坦克为了减轻车重，缩减了车顶后侧、车体底部和车尾下部位置的装甲厚度，但同时采取特殊的冲压筋或加强筋等措施提高整个车体框架的强度，使整体防护能力并没有降低。同一般坦克一样，该坦克车身各部分需要相互配合，大大提高了在战场上的生存能力。

炮 塔
圆形的炮塔为整体铸造结构，安装在车体中部。

车 轮
车体每侧各有5个负重轮，诱导轮在前，主动轮在后。

02:30:50

双方火力不分伯仲，面对敌军坦克，我们调用火力更强的 M60 主战坦克，有了它的加入，大大增加了胜算。重新编队后，开始对敌军展开合围攻势。M60 主战坦克采用 105 毫米火炮，威力强大。结果如预想的一样，我们获得坦克战的全面胜利，但没有时间庆祝，我们距离马瑟顿基地还有一定的距离，时间正在一分一秒地流逝，我们必须立即出发。

M60 主战坦克

生 产 国：美国

乘　　 员：4 人

车　　 长：9.31 米

车　　 高：3.21 米

车　　 重：49714 千克

最高时速：48.28 千米 / 时

武器配备

M60 主战坦克主要配备 1 门 105 毫米线膛炮，辅助武器为 1 挺 12.7 毫米机枪和 1 挺 7.62 毫米机枪。

M60 主战坦克是美国克莱斯勒公司研制的主战坦克，是美国陆军 20 世纪 60 年代以来的主要制式装备，也是世界上装备国家和装备数量最多的主战坦克之一。1956 年，该坦克的研制工作开始，1960 年正式列入美军装备，到 1985 年 5 月，该系列坦克共生产了 15000 多辆，先后出口到 17 个国家和地区。该系列坦克的火力强劲，防护性好，机动性也不差。

M60 系列主战坦克

　　M60 系列主战坦克包括 M60、M60A1、M60A2 和 M60A3 四种车型，其中，M60A1 主战坦克是该系列坦克的第一种改进型，先后安装了火炮双向稳定仪和潜渡设备。M60A2 主战坦克改装了新式炮塔，更换 152 毫米火炮。M60A3 主战坦克不但提高了发动机的可靠性，还改进了全新的发射系统。

炮 塔
　　铸造炮塔位于车体中央，后方有储物篮。

储物篮

履 带
　　履带宽 711 毫米，着地部分的长度约 4.2 米。

02:21:35

我们历经艰难险阻，终于找到了马瑟顿基地，准备开始秘密潜入。此次任务由拥有丰富行动经验的卡尔带队，他手里拿着Model29-1转轮手枪，与我们商定下一步行动计划。该枪结构简单紧凑，外形独特，携带方便，性能可靠，易于实施隐蔽射击，甚至在衣袋内也能直接开火，适合潜入行动。在观察地形后，我们决定从守卫较少的6号门潜入。

Model29-1 转轮手枪

生　产　国：美国
口　　　径：10.9毫米
枪　　　长：310毫米
全枪质量：1.37千克
发射方式：单发
容弹量：6发

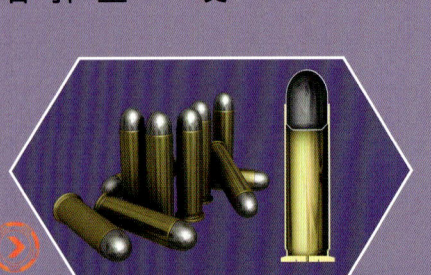

配用弹种

　　Model 29-1转轮手枪发射.44马格南弹，该子弹的直径是10.897毫米。

　　Model29-1转轮手枪是Model29转轮手枪家族中的一员。该系列手枪是美国史密斯·韦森公司和雷明顿公司联合设计推出的转轮手枪。该系列手枪尺寸大，口径大，威力大，射击精度高，破坏力惊人。在设计时考虑到可能用于狩猎，所以加长了弹壳，增加了装药量。

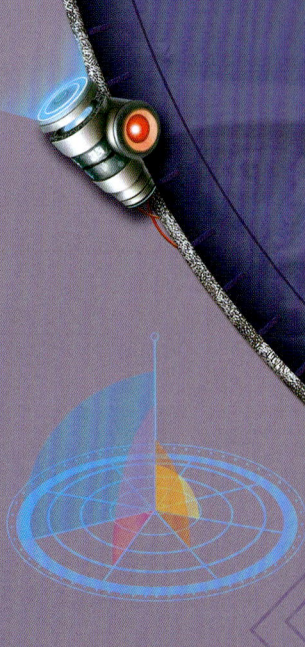

弹匣

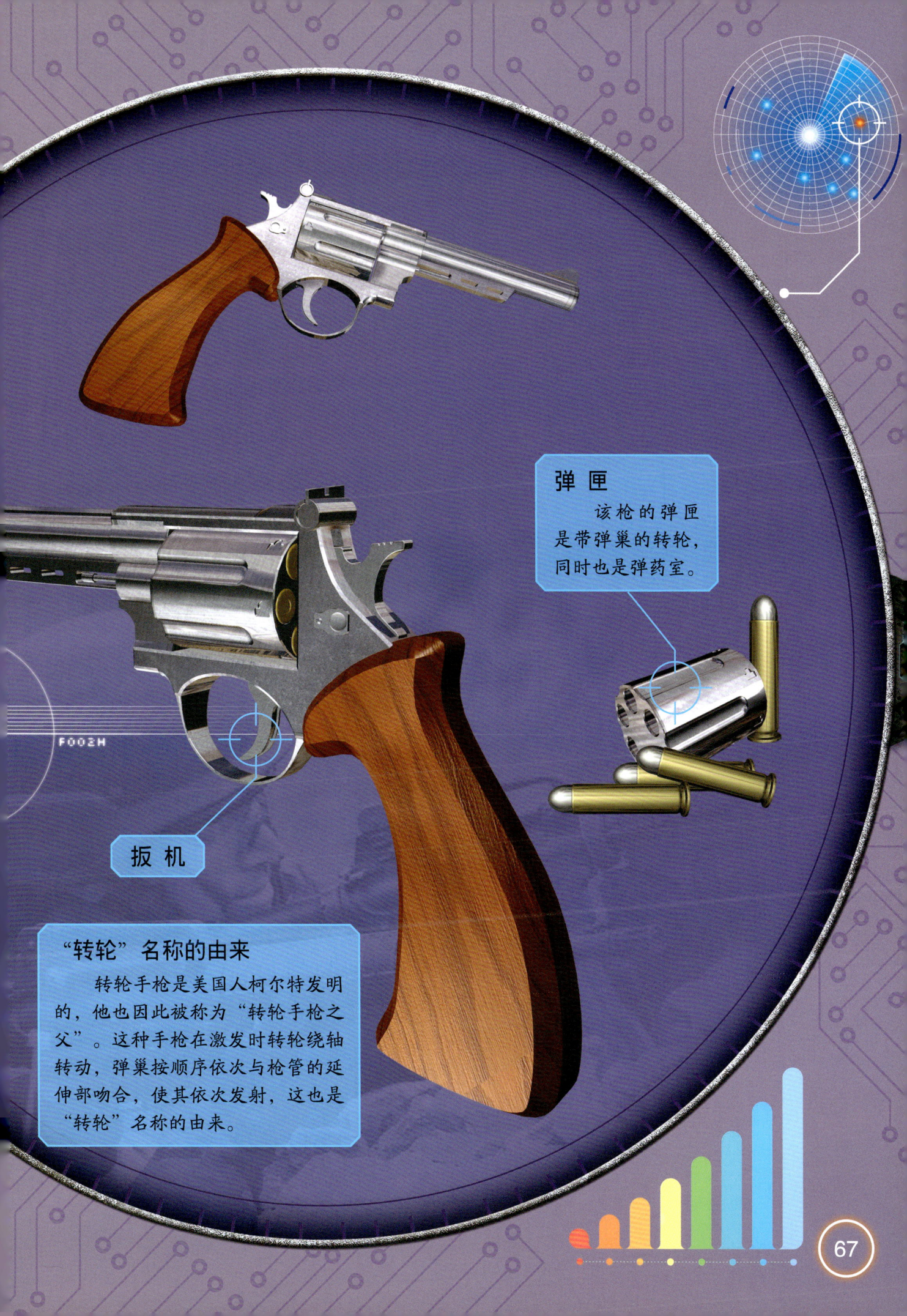

该枪的弹匣是带弹巢的转轮，同时也是弹药室。

扳机

"转轮"名称的由来

转轮手枪是美国人柯尔特发明的，他也因此被称为"转轮手枪之父"。这种手枪在激发时转轮绕轴转动，弹巢按顺序依次与枪管的延伸部吻合，使其依次发射，这也是"转轮"名称的由来。

67

02:14:29

进入马瑟顿基地后，热感应系统显示其中一个区域的人员密集，我们推测那里就是传送门。在卡尔的带领下，经过近 20 分钟的苦战，我们成功突破了敌军的重重防守。此时，卡尔和他手中的 P38 手枪正等待机会，准备给看守的敌军士兵最后一击。

P38 手枪

生 产 国：德国　　全枪质量：0.8 千克
口　　径：9 毫米　　发射方式：单发、连发
枪　　长：216 毫米　容 弹 量：8 发

P38 手枪是由德国瓦尔特武器制造厂在 1930 年为国防军研制的一种 9 毫米半自动手枪。该枪在第二次世界大战期间被广泛使用，最初的研制目的是取代制造成本昂贵的 P08 手枪。

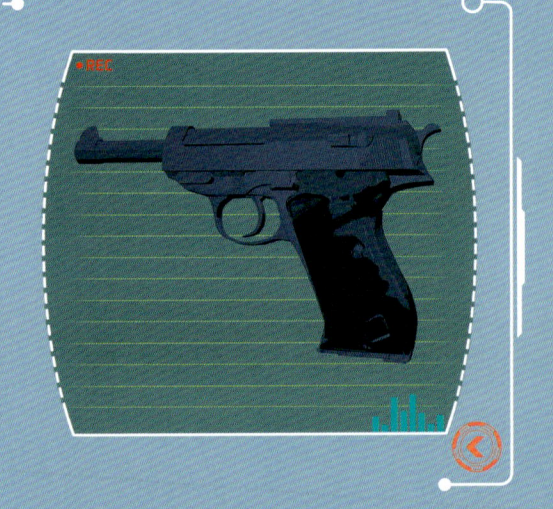

P38 手枪和 P1 手枪

第二次世界大战快结束时，P38 手枪的产量已经超过 100 万支。但第二次世界大战结束后，作为战败的德国是不能生产任何武器的，该枪的生产就停止了。不久之后冷战开始，P38 手枪又获得重新生产的许可，名称改为 P1 手枪，但从机械结构上来看，P1 手枪和 P38 手枪几乎是一致的。

P38手枪设计简单、安全可靠、易于大批量生产，最大的特点就是采用双动扳机模式。射手可以先将一发子弹放入枪膛，然后将击锤恢复到安全位置，在这种情况下射手可以继续携带枪支，几乎不会出现走火的情况，等到需要射击时，只要扣动扳机就能直接开火。这种简单的射击动作，在紧急情况下具有很大优势。

最成功的枪弹

P38手枪所使用的9毫米帕拉贝鲁姆手枪弹，是乔治·鲁格为提高P08手枪的射击效果设计的手枪弹，也是历史上最成功、使用范围最广的子弹之一。目前已经被超过70个国家生产并使用，是全世界手枪使用的标准弹种。这种手枪弹弹壳长19毫米，弹头重7.5克，弹初速高，枪口冲量小，有利于提高射击精度，增大有效射程。9毫米帕拉贝鲁姆手枪弹也被称为9毫米鲁格手枪弹、9毫米北约制式手枪弹或9毫米手枪弹。

P38手枪设计巧妙，握把的位置和大小完全符合射击要求，使该枪的平衡性非常好，很容易瞄准目标，射击精度高，即使是一个新手也能很快学会射击。扳机设计合理，开枪时可以非常顺利地扣动扳机。P38手枪良好的平衡性和巧妙的扳机设计，可以很好地避免该枪射击时反冲的缺点。

准 星

片状准星有三角形斜坡，可以移动。

配用弹种

P38手枪发射9毫米帕拉贝鲁姆手枪弹。

扳 机

扣压扳机，机械传动释放阻铁，击发弹药。

P38 手枪的应用范围非常广，从军官到士兵都有使用。该枪还设计了一款带消音器的型号，用于执行秘密任务。P38 手枪还是少数可以抵御严寒的武器之一，在曾经的一次战役中，为了避免射击时哑火，战士们不能使用润滑油清洁枪械，即使在如此严酷的条件下，该枪依然表现不错。

照门

缺口式照门，与准星对应，构成瞄准线。

握把

握把带有弧度，能与手掌完全贴合。

01:59:31

行动成功,当我们陆续穿过传送门,刺目的强光晃得我睁不开眼睛。视力恢复后,我开始观察周围环境。头顶掠过的飞机、空投落下的军事装备、远处隐约可见的战火……这一切都预示着我已经回到了营救任务中。只剩不到2个小时了,我们紧急集合,重新确定库兰德地区的方向。卡尔手中拿着的是著名的MP5A3冲锋枪,看来这就是他的新伙伴。

MP5A3 冲锋枪

生产国:德国
口　　径:9毫米
枪　　长:700毫米(托展)
全枪质量:3.08 千克
发射方式:单发、连发
容弹量:15发、30发

配用弹种

　　MP5A3冲锋枪发射9毫米帕拉贝鲁姆手枪弹,这种枪弹普遍应用于欧洲国家。

　　MP5系列冲锋枪是由德国赫克勒·科赫(HK)公司设计制造的,其中MP5A3冲锋枪是应用最广泛的MP5系列冲锋枪之一。由于该系列冲锋枪被很多国家的军队、保安部队、警队作为制式武器使用,因此具有很高的知名度。该系列冲锋枪的性能优越,射击精度高,零部件少,造价低,质量轻,后坐力小,甚至能单手持握射击。

MP5 系列冲锋枪

　　MP5 系列冲锋枪有多种改进型，其中 MP5A 系列冲锋枪，属于原厂型号，除了 MP5A3 冲锋枪之外，还有固定枪托的 MP5A2 冲锋枪和 MP5A4 冲锋枪，而 MP5A5 冲锋枪是 MP5A3 冲锋枪的 3 发点射版。

枪托

　　可折叠枪托，收回后便于携带。

弹匣

可是，事情远没有想象的那么简单，我们还没有完全熟悉周围的环境，敌军的坦克军团就开始向我们发起了进攻。这是T-26S轻型坦克，敌军使用它，肯定是因为其车体质量轻，行动灵活，生存能力强。时间紧迫，我们迅速进入战备状态，分析敌军火力配备，希望尽快找到对方的漏洞，实施反攻。目前，只有重火力坦克才能与敌军坦克抗衡，坦克的选择非常重要。

T-26S 轻型坦克

生 产 国：苏联
乘　　员：3人
车　　长：4.88米
车　　高：2.41米
车　　重：10500千克
最高时速：30千米/时

诱导轮

武器配备

T-26S轻型坦克主要配备1门45毫米坦克炮，辅助武器为2挺7.62毫米机枪。

T-26系列轻型坦克是苏联最早大量装备军队的坦克，一般被用来支援步兵，其中T-26S轻型坦克是1937年型。该系列坦克1932年装备苏联军队，在苏联坦克发展史上占有重要地位。T-26S轻型坦克可靠性强、容易维护，共生产了超过11000辆，远超同时期其他国家的坦克数量。该坦克的衍生型种类很多，包括火焰发射车、战斗工兵车、遥控坦克、自行火炮与人员运输车等。

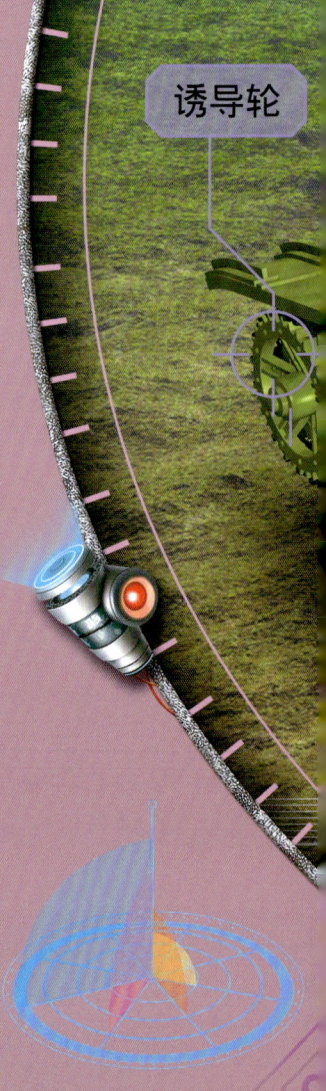

坦克间的对比

　　T-26S 轻型坦克和德国的一号坦克都是以维克斯坦克为蓝本改造的轻型坦克。但相比来说，T-26S 轻型坦克的火力强于一号坦克。但从装甲防护能力来看，T-26S 轻型坦克比一号坦克要差一些。

炮 塔

　　原来为并列双炮塔，后期型号采用较大的单炮塔。

主动轮

火力和防护性是衡量坦克性能最重要的两个条件。经过对比，74式坦克完全符合我们的要求，它不仅有较好的防弹性能和夜间作战能力，还可以用于涉水。其火炮和炮塔的控制采用全电动系统，能借助模拟式弹道计算机和双向稳定火炮，在行进间进行精准射击。调用74式坦克来参与战斗，可以大大增加这场战役的胜算，我们登上坦克开始迎敌。

74式坦克

生产国：日本
乘　　员：4人
车　　长：9.41米
车　　高：2.25米
车　　重：38000千克
最高时速：53千米/时

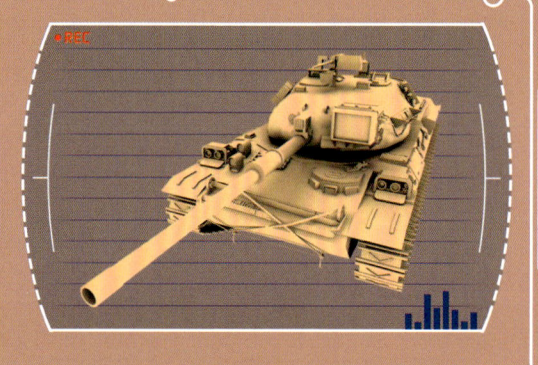

武器配备

74式坦克主要配备1门105毫米线膛炮，辅助武器是1挺7.62毫米并列机枪。

74式坦克是第二次世界大战后日本设计生产的第二代坦克，也是20世纪70年代中期至80年代世界上较为先进的主战坦克。1967年开始研制样车——STB，意为第二代国产坦克样车。1974年9月样车定型并命名为74式坦克。该坦克采用传统坦克结构：驾驶舱在车体左前部，战斗舱在车体中部，动力舱在车体后部。

日本坦克工业的基石

提起日本坦克，人们就会想到著名的 90 式坦克。但其实它是在 74 式坦克的半自动装弹机基础上研制而来的，很多先进装置也吸取了 74 式坦克的经验。所以 74 式坦克称得上是日本坦克的基石。

炮 塔

采用钢铸造结构，顶部有1个向后打开的单扇舱门。

负重轮

履 带

履带采用双销双块式，并在履带销上增加了橡胶衬套。

95 式班用机枪

紧随着敌军坦克，大批敌军步兵赶到，我们知道自己遇到了一个强劲的对手。他们计划周密，没有给我们留下一点喘息的时间。20多分钟后，在我们的重火力压制下，敌军渐渐处于弱势。这是95式班用机枪，它将与战士们一起上阵杀敌！

95 式班用机枪

生　产　国：中国　　全枪质量：3.95 千克
口　　　径：5.8 毫米　发射方式：单发、连发
枪　　　长：840 毫米　容弹量：75 发（弹鼓）

95 式班用机枪也叫 5.8 毫米轻机枪，是中国研制的能够提供火力支援的自动枪械，也是 95 式枪械家族中的一员。该枪 1995 年设计定型，现已陆续装备中国军队。

95 式枪械家族

95 式枪械家族均采用 5.8 毫米口径，无托结构，相互间的很多零件都可以通用。这个枪械家族包括：自动步枪、短突击步枪和班用机枪三种，供弹方式有 30 发弹匣和 75 发弹鼓两种。家族中不同型号间的主要区别在于枪管长度，其中自动步枪枪管长 463 毫米，短突击步枪枪管长 326 毫米，班用机枪枪管长 557 毫米。

95式班用机枪主要用于压制火力点和轻型武器,可以有效杀伤600米内暴露的目标。该枪的研制成功标志着中国轻武器在论证、设计、研制和生产方面达到了一个新的水平。目前,5.8毫米口径的枪械已经实现了一种口径、两种弹、六支枪的完善枪械家族。

中国轻机枪的发展历程

　　在抗日战争时期,中国军队使用的轻机枪多是从敌军手中缴获的。20世纪50年代,研发人员模仿苏联的一些枪械制造了53式、56式等轻机枪。20世纪60年代后,中国开始自行研制74式轻机枪和81式班用轻机枪等。20世纪90年代,95式班用机枪研制成功,该机枪成为中国机枪水平的一个新的里程碑。

95式班用机枪采用机头回转闭锁，配有降噪音、降火焰的膛口装置。自动方式和其他导气式武器基本相同：枪弹击发后，机头闭锁，机体继续复进，压下不到位保险，复进到位并带动阻铁解脱击发机，从而枪机复进到位，全枪即完成由击发到待发的自动循环过程。

枪托

该枪采用无托结构，大大缩短枪长。

配用弹种

95式班用机枪发射87式5.8毫米步枪弹。

95式班用机枪有独特的瞄准装置，不但自备了简易的夜间瞄准装置，还可配备白光瞄准镜和微光瞄准镜，满足了全天候作战的需要。该枪发射中国自主研制的5.8毫米枪弹，该子弹弹头重，枪口动能大，中远距离射击能力强，外弹道直射距离远，在威力和作战性能方面有着一定的优势。

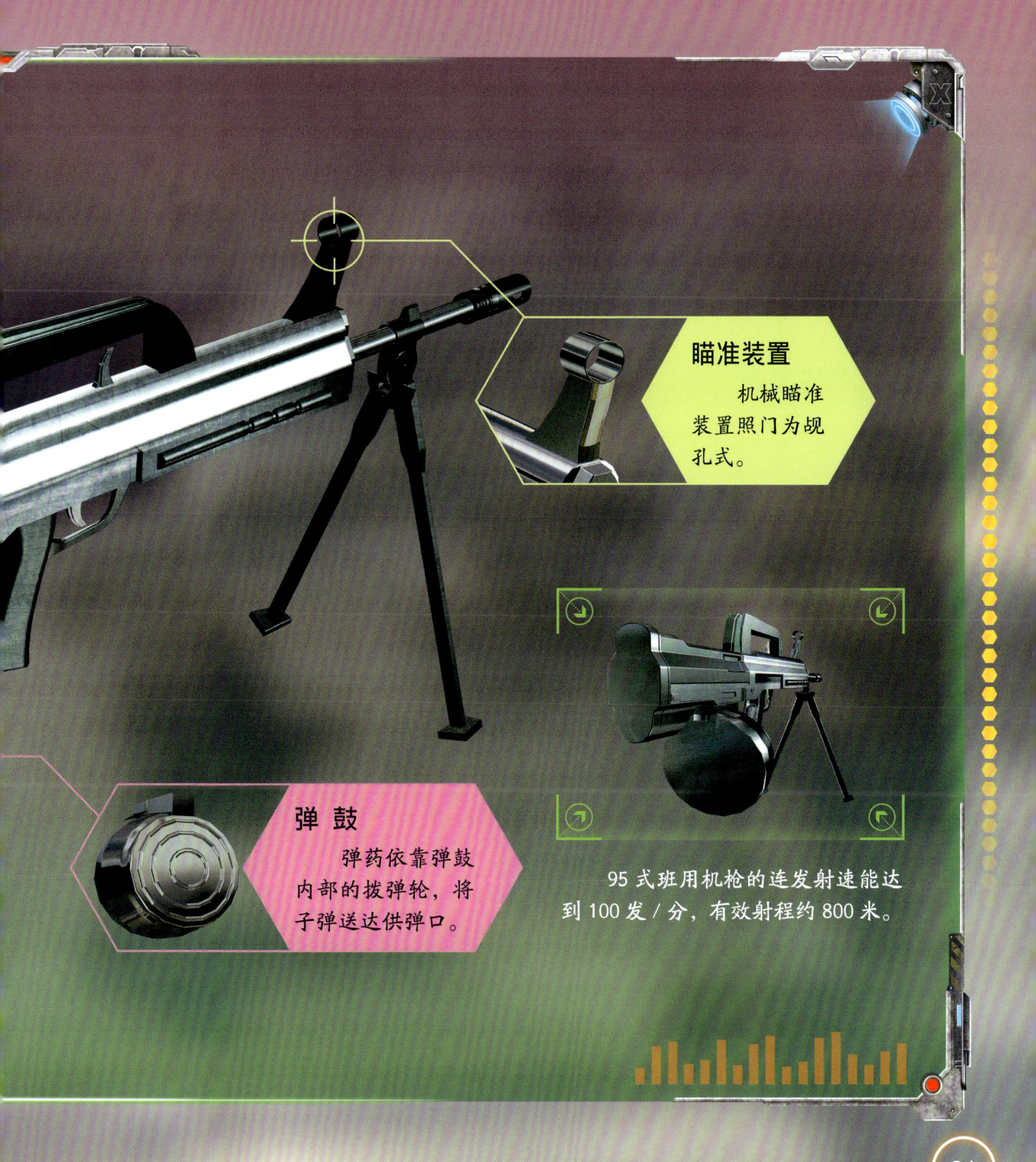

瞄准装置

机械瞄准装置照门为觇孔式。

弹鼓

弹药依靠弹鼓内部的拨弹轮，将子弹送达供弹口。

95式班用机枪的连发射速能达到100发/分，有效射程约800米。

00:58:57

战争中除了要给敌军沉重的打击以外，还要尽力保全自身。只剩不到1小时了，必须尽快到达库兰德地区，确定边境城堡的位置。战士们迅速集结，我与麦迪驾驶DHC-6/400运输机带着战士们飞上了相对安全的天空，虽然离目标越来越近，但时间也越来越少，不知道在库兰德地区我们会遇到怎样残酷的战斗，必须做好充分的心理准备。

DHC-6/400 运输机

生产国：加拿大
机身长：15.77 米
机　　高：5.94 米
起飞限重：5670 千克
最高时速：314 千米/时
升　　限：8140 米

军用运输机

军用运输机是指用于运送军事人员、武器装备和其他军用物资的飞机，一般具有较大的载重量和续航能力。

DHC-6/400 运输机是加拿大德·哈维兰飞机公司研制的DHC-6 系列运输机的衍生型号。DHC-6 系列运输机绰号"双水獭"。DHC-6/400 运输机机身采用普通半硬壳式增压结构，横截面接近圆形。两台动力强劲的PT6A-34 型涡轮螺旋桨发动机让它拥有短距离起降的能力，可用于执行军用运输、反潜战、海洋监视和海上巡逻等多种任务。

尾 翼

尾翼采用T形布局，包括水平尾翼和垂直尾翼两部分。

机 翼

悬臂式上单翼，机翼中段为等弦长，外段呈梯形。

浮 筒

安装浮筒后可以用于水上降落，在水域辽阔的地方使用，安全性好。

强大的适应能力

DHC-6/400运输机可以安装固定式起落架、滑橇和两栖浮筒，这样不论是在冰雪严寒的南极，还是炙热无比的沙漠，甚至是开阔的水域，它都能轻松应对。

幸运的是，进入库兰德地区后，我们很快确定了边境城堡的位置，但边境城堡内的情况比想象的更加严峻。经过侦察，我们发现AI战士被关押在一个地下仓库。卡尔拿着M82A1狙击步枪，进行火力掩护任务，我们向地下仓库慢慢靠近。

M82A1 狙击步枪

生　产　国：美国	全枪质量：12.9 千克
口　　　径：12.7 毫米	发射方式：单发
枪　　　长：1448 毫米	容弹量：10 发

M82A1狙击步枪又叫"巴雷特"狙击步枪，是美国设计师朗尼·巴雷特于1986年设计的一款大口径半自动步枪，在枪械家族中拥有"重狙击之王"的赞誉，是世界上使用最广泛的狙击步枪之一。

天才枪械设计师——朗尼·巴雷特

朗尼·巴雷特原本只是一名枪械爱好者。在一次偶然打猎后，总是打不中目标的他决心设计一支大口径的半自动狙击步枪。从制订计划、进行设计到制造出样枪，他才用了不到一年的时间。后来，巴雷特设计的这种狙击步枪在世界轻武器生产商中掀起了一场大口径狙击步枪的开发热潮。

M82A1 狙击步枪实现自动的方式采用了枪管短后坐原理，也称退管式。在枪械射击后，枪管和枪机共同后坐，直至弹头飞离枪膛，枪机靠惯性继续后坐完成抛壳、拱弹、闭锁、击发等下一循环动作，从而完成自动射击。M82A1 狙击步枪击发后火药气体作用于弹壳底部，将推力传给枪机，再由枪机传给枪管，最后传到枪机框后部，这样一系列传递可以分散射击时产生的震动。

M82A1 狙击步枪的广泛应用

M82A1 狙击步枪刚问世时，主要面向民用市场，直到 1990 年，美国海军陆战队选定 M82A1 狙击步枪对付雷达、飞机、指挥车等高价值目标。因表现出众，该枪赢得了参战者的广泛好评，随后许多国家都开始装备它。此外，它还经常作为 12.7 毫米大口径远距离狙击比赛用枪活跃在世界各地。

M82A1 狙击步枪采用半自动发射方式，枪体可以分解成上机匣、下机匣及枪机框三部分。上下机匣是主要部分，采用强度及耐磨性都很好的高碳钢材料制成。上机匣主要包括枪管、枪管复进簧、缓冲器、机械瞄准具、光学瞄准镜座及提把；下机匣连接两脚架、握把，内部包括枪机部件及主要的弹簧装置。

枪 口

枪口有一个"V"形制退器，能降低射击后坐力。

配用弹种

M82A1 狙击步枪发射 12.7 毫米 NATO 枪弹。

M82A1 狙击步枪枪弹初速能达到 853 米/秒，最大射程能达到 2500 米。

由于大口径狙击步枪可以有效打击敌军的通信、指挥、运输等关键目标，所以又叫"反器材枪"，M82A1狙击步枪就是其中的杰出代表。在1991年的海湾战争中，美国海军陆战队的一支特战队与伊拉克军队的装甲部队遭遇，美国狙击手就凭借两挺M82A1狙击步枪摧毁了4辆装甲运输车和1辆指挥车，并等到了援军的到来。

瞄准具
自带机械瞄具，也可以安装光学瞄具。

两脚架
两脚架使枪身稳定，保证射击精度。

00:31:50

这个地下仓库的空间狭小，一些大型枪械无法带入，所以我们更换了轻便、易携带的手枪，M1911A1自动手枪就是其中之一。卡尔一马当先，他来到地下仓库的入口，仔细观察里面的情况。大家都知道在这里即将展开一场激烈的近身战斗，我们静静等待，只等卡尔一声令下，便冲进这扇木门，与敌军展开最后决战，时间紧迫，必须速战速决。

M1911A1 自动手枪

生　产　国：美国
口　　　径：11.43 毫米
枪　　　长：219 毫米
全枪质量：1.13 千克
发射方式：单发
容　弹　量：7 发

配用弹种

M1911A1 自动手枪发射 11.43 毫米柯尔特手枪弹，该子弹口径大，威力强，基本可以一发毙命。

M1911A1 自动手枪是从著名枪械设计师勃朗宁设计的 M1911 自动手枪的基础上改进而来的枪械，是 M1911 系列手枪所有改进型号中最著名的一种。1923 年改进完成，1926 年装备美军部队。M1911A1 自动手枪加宽了准星，加长了击锤和握把保险等，使其射击更精准舒适。该枪结构简单、坚固耐用、威力强大、维修简便，受到战士们的广泛喜爱。

战争传奇——M1911系列手枪

　　M1911系列手枪已经有一百多年的历史了，先后进行了多次改进。截至第二次世界大战结束，各型号的M1911系列手枪产量超过270万支，先后参与了两次世界大战、朝鲜战争、越南战争、海湾战争等，成为战争中的传奇枪械。

套筒

扳机

00:17:23

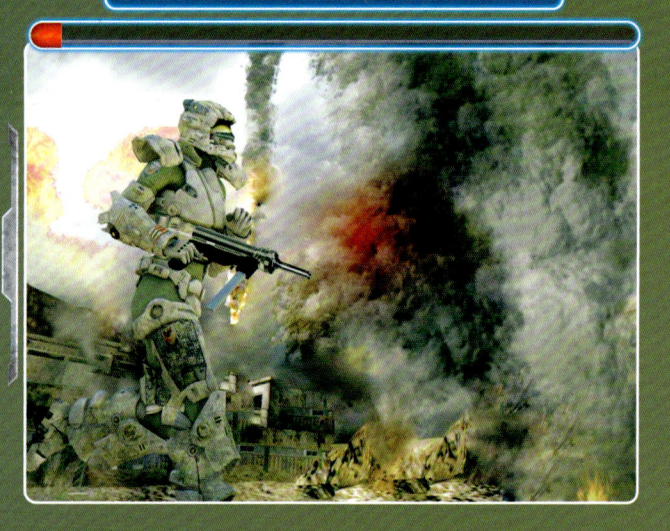

战斗和预想的一样激烈，我们的体力即将消耗殆尽，幸运的是，在队友们的掩护下，我在仓库中找到了 AI 战士。更多的敌军正在赶来，怎样安全护送 AI 战士离开，成了更加艰巨的任务。AI 战士迅速调整状态，手拿 M3 式冲锋枪，和我们一起战斗。滚滚浓烟中，我们冲出地下仓库的大门，看着不远处停着的一架直升机，仿佛看到了希望。

M3 式冲锋枪

生 产 国：美国
口　　径：11.43 毫米
枪　　长：745 毫米（托展）
全枪质量：3.67 千克
发射方式：单发、连发
容 弹 量：30 发

配用弹种

　　M3 式冲锋枪发射 11.43 毫米柯尔特手枪弹，该子弹是世界上射击精度最好的手枪弹之一。

　　M3 式冲锋枪是美国通用汽车公司在第二次世界大战期间大量生产的大口径冲锋枪，为了替代当时造价昂贵的汤普森冲锋枪。由于该枪的外观很像维修机械设备时所使用的注油枪，所以也被大家称为"注油枪"或"黄油枪"。M3 式冲锋枪多采用焊接、冲压工艺，造价低廉，同时该枪采用全自动气冷方式，射速能达到 350~450 发 / 分，有效射程约 200 米。

M3 式冲锋枪的改进

　　M3 式冲锋枪在经历过战争考验之后，显露出很多问题，美军因此对其进行了改进，推出了 M3A1 式冲锋枪。后来还在 M3A1 式冲锋枪枪管外加装了消音器，成为 M3 微声冲锋枪。

枪托
　　枪托由圆钢棒制成，可伸缩，方便携带。

弹匣
　　弹匣长，容弹量大，为持续火力提供保障。

91

00:05:12

这是一架卡-25直升机，距离本次任务结束仅剩5分钟，我们成功登上直升机，由我驾驶直升机升上高空。我们透过窗户看见整个"龙骨原野"，终于可以宣布任务圆满完成了。这次的胜利离不开多兵种战士间的紧密配合，也离不开先进军事武器的火力保障。通过一次次的训练，战士们彼此间有了默契，也更加深入地了解了各种军事武器性能。我们下次任务再见。

卡-25 直升机

生 产 国：苏联
机 身 长：9.7 米
机　　高：5.4 米
起飞限重：7500 千克
最高时速：220 千米/时
悬停高度：不详

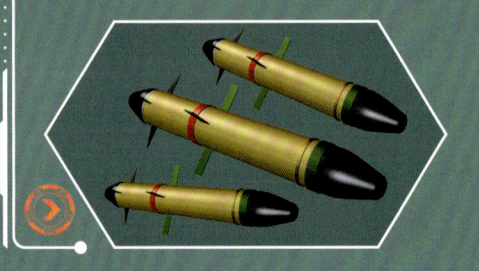

武器配备

卡-25直升机有两个武器舱，可携带反潜鱼雷、核深水炸弹等。

卡-25直升机是苏联卡莫夫设计局研制的共轴反转双旋翼反潜直升机，绰号"激素"。该直升机装有雷达、吊放式声呐、光电探测器、磁力探测仪等先进设备，能在短时间内搜索较大面积的海域，探测敌方核潜艇。由于发动机安装在机舱顶部，使座舱有了较大的空间，方便运输乘员、安装设备、存放燃油和运载货物等。

螺旋桨

采用两副共轴反转三片桨叶的螺旋桨。

雷达罩

机头下方装有突出的扁蛋形机载雷达罩。

起落架

不可收放的四点式起落架，带有可充气的浮袋，用于水上迫降。

图书在版编目（CIP）数据

超级武器：绝密任务．Ⅰ，生死营救 / 肖叶主编；张柏赫编著. — 长沙：湖南少年儿童出版社，2020.9
　　ISBN 978-7-5562-4735-6

Ⅰ.①超… Ⅱ.①肖… ②张… Ⅲ.①武器—少儿读物 Ⅳ.①E92-49

中国版本图书馆CIP数据核字（2020）第042171号

超级武器
Chaoji Wuqi
绝密任务Ⅰ生死营救
Juemi Renwu Ⅰ Shengsi Yingjiu

总 策 划：周　霞
策划编辑：万　伦
责任编辑：吴　蓓
营销编辑：罗钢军
质量总监：阳　梅

出 版 人：胡　坚
出版发行：湖南少年儿童出版社
地　　址：湖南省长沙市晚报大道89号　　邮　　编：410016
电　　话：0731-82196340　82196341（销售部）　82196313（总编室）
传　　真：0731-82199308（销售部）　　　　82196330（综合管理部）
常年法律顾问：湖南崇民律师事务所　柳成柱律师
印　　刷：湖南印美彩印有限公司
开　　本：889 mm×1194 mm　1/16
印　　张：6
书　　号：ISBN 978-7-5562-4735-6
版　　次：2020年9月第1版
印　　次：2020年9月第1次印刷
定　　价：45.00元

版权所有　侵权必究
质量服务承诺：若发现缺页、错页、倒装等印装质量问题，可直接向本社调换。
服务电话：0731-82196362